国家"十二五"重点图书出版规划项目
国家科技部: 2014年全国优秀科普作品

新能源在召唤丛书
XINNENGYUAN ZAIZHAOHUAN CONGSHU
HUASHUO SHUINENG

话说水能

翁史烈 主编 张庆麟 著

GEP 广西教育出版社

出版说明

科普的要素是培育，既是科学知识、科学技能的培育，更是科学方法、科学精神、科学思想的培育。优秀科普图书的创作、传播和阅读，对提高公众特别是青少年的素质意义重大，对国家和民族的健康发展影响深远。把科学普及公众，让技术走进大众，既是社会的需要，更是出版者的责任。我社成立近 30 年来，在教育界、科技界特别是科普界的支持下，坚持不懈地探索一条面向公众特别是面向青少年的切实而有效的科普之路，逐步形成了“一条主线”和“四个为主”的优秀科普图书策划和出版特色。“一条主线”即以普及科学技术知识、弘扬科学人文精神、传播科学思想方法、倡导科学文明生活为主线。“四个为主”即一是内容上要新旧结合，以新为主；二是论述时要利弊兼述，以利为主；三是形式上要图文并茂，以文为主；四是撰写时要深入浅出，以浅为主。

《新能源在召唤丛书》是继《海洋在召唤丛书》、《太空在召唤丛书》之后，我社策划、组织的第三套关于高科技的科普丛书。《海洋在召唤丛书》由中国科学院王颖院士等专家担任主编，以南京大学海洋科学研究中心为依托，该中心的专家学者为主要作者；《太空在召唤丛书》由中国科学院庄逢甘院士担任主编，以中国航天科技集团旗下的《航天》杂志社为依托，该社的科普作家为主要作者；

《新能源在召唤丛书》则由中国工程院翁史烈院士担任主编，以上海市科协旗下的老科技工作者协会为依托，该协会的会员为主要作者。前两套丛书出版后，都收到了社会效益和经济效益俱佳的效果。《海洋在召唤丛书》销售了五千多套，被共青团中央列入“中国青少年 21 世纪读书计划新书推荐”书目；《太空在召唤丛书》销售了上万套，获得了国家科技部、新闻出版总署颁发的全国优秀科技图书奖，并被新闻出版总署列为“向全国青少年推荐的百种优秀图书”之一。而这套《新能源在召唤丛书》，则被新闻出版总署列为了“十二五”国家重点图书出版规划项目，相信出版后同样会“双效”俱佳。

我们知道，新能源是建立现代文明社会的重要物质基础；我们更知道，一代又一代高素质的青少年，是人类社会永续发展最重要的人力资源，是取之不尽、用之不竭的“新能源”。我们希望，这套丛书能够成为“新能源”时代的标志性科普读物；我们更希望，这套丛书能够为培育科学地开发、利用新能源的新一代提供正能量。

广西教育出版社

2013 年 12 月

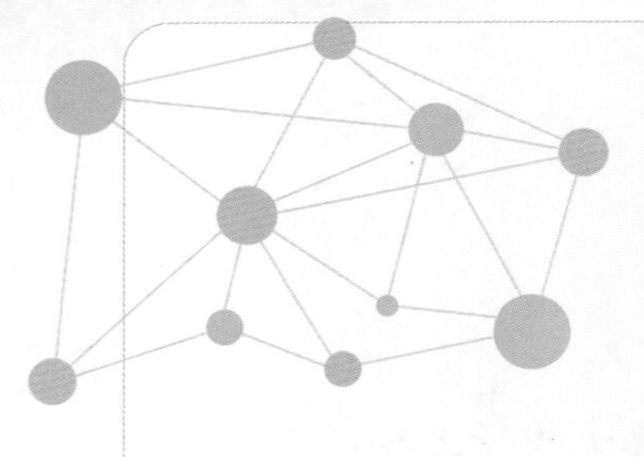

主编寄语

建设创新型国家是中国现代化事业的重要目标，要实现这个宏伟目标，大力发展战略性新兴产业，努力提高公众的科学素质，坚持做好科学普及工作，是一个重要的任务。为快速发展低碳经济，加强环境保护，因地制宜，积极开发利用各种新能源，走向世界的前列，让青少年了解新能源科技知识和产业状况，是完全必要的。

为此，广西教育出版社和上海市老科技工作者协会合作，组织出版一套面向青少年的《新能源在召唤丛书》，是及时的、可贵的。两地相距两千多公里，打破了地域、时空的限制，在网络上联络而建立合作关系，本身就是依靠信息科技、发展科普文化的佳话。

上海市老科技工作者协会成立于1984年，下设十多个专业协会与各工作委员会，现有会员一万余人，半数以上具有高级职称，拥有许多科技领域的专家。协会成立近30年来开展了科学普及方面的许多工作，不仅与出版社合作，组织出版了大量的科普或专业著作，而且与各省、市建立了广泛的联系，组织科普讲师团成员应邀到当地讲课。此次与广西教育出版社合作，出版《新能源在召唤丛书》，每一册都是由相关专家精心撰写的，内容新颖，图文并茂，不仅介绍了各种新能源，而且指出了在新能源开发、利用中所存在的各种问题。向青少年普及新能源知识，又多了一套优秀的科普书籍。

相信这套丛书的出版，是今后长期合作的开始。感谢上海老科协的专家付出的辛勤劳动，感谢广西教育出版社的诚恳、信赖。祝愿上海老科协专家们在科普写作中快乐而为、主动而为，撰写出更多的优秀科普著作。

2013 年 11 月

主编简介

翁史烈：中国工程院院士。1952 年毕业于上海交通大学。1962 年毕业于苏联列宁格勒造船学院，获科学技术副博士学位。历任上海交通大学动力机械工程系副主任、主任，上海交通大学副校长、校长。曾任国务院学位委员会委员，教育部科学技术委员会主任，中国动力工程学会理事长，中国能源研究会常务理事，中欧国际工商学院董事长，上海市科学技术协会主席，上海工程热物理学会理事长，上海能源研究会副理事长、理事长，上海市院士咨询与学术活动中心主任。

写在前面

大家知道，能源是当今社会的一个热门话题。一方面是由于人们正面临着传统能源短缺的危机，另一方面也是由于传统能源的使用所引起的世界气候变暖、酸雨、臭氧层空洞等环境问题，使人们深感由此而带来的生态威胁。所以，现今能源问题已不仅仅是关系到一个国家、一个社会的生存发展和民生福利，也关系到国与国之间的政治、经济、军事和外交关系等国际事务。这就不能不引起人们的广泛关注。因此如何才能更好地加快能源结构调整，发展以低能耗、低污染、低排放为基础的低碳经济，以及怎样才能提高能源使用效率，便成为世界关注的焦点。

在世界能源短缺的大背景下，我国经济社会若要持续快速发展下去，自然也必须适应这一新形势的要求。然而事实上，长期以来，我国经济发展走的是高投入、高能耗、高污染和排放低效率的粗放式增长方式，而且至今尚未得到根本扭转，加之人均资源占有率低与资源生态环境的矛盾也日益突显，这显然与目前形势的要求是不相称的，这正大大地制约着我国经济的持续发展。中国政府曾在联合国气候变化大会上庄严承诺：2020年我国单位国内生产总值二氧化碳排放量将在2005年基础上下降40%～45%，非化石能源占一次能源比重将由目前的9%提高到15%，相应指标将作为约束性指标纳入国民经济和社会发展中长期规划及地方政府考核体系。因此减排的巨大压力是可想而知的。

在这种情况下，发展清洁的可再生能源是我们的必经之路。水能作为技术成熟度最高的清洁的可再生能源，自然也就格外受到人们的青睐。在我国已颁布的“十二五”规划中，水电已成为我国发展可再生能源的支柱产业，明确要求“十二五”期间要开工建设1.2亿千瓦水电的目标。这个数字是我国历年来已建成的水电2.07亿千瓦的一半还多，其决心之大、任务之艰巨是可想而知的。

编写本书的目的就是希望能让更多的人，特别是作为国家未来的建设者和主人翁的青少年，能对拥有巨大能量的水能，有更深入、更全面、更具体的了解。知晓如何才能合理地、有效地开发利用好这一大自然赐予我们的瑰宝，从而为配合国家发展可再生能源，推进水电建设作出积极的贡献。

张庆麟

2013年7月

目录
Contents

目录
Contents

开头的话

传说远古的时候，黄河在流向中原地区时，途经华山。由于华山的阻挡，不得不曲折绕道而行。见此情景，巨灵神大为恼火，便使用神力把华山一劈为二，使河水可以直穿华山，径直向东流。据说，巨灵神当年劈山的掌足痕迹至今还可以看得到。

奇峻雄伟的华山绝壁 华山又名“太华山”，古称“西岳”，是我国著名的五岳之一。华山位于陕西省华阴市境内，北临黄河和秦川，南依秦岭，是一座以“险”著称的名山。它的主体山峰就像一把直刺苍穹的石剑，四面如削，拔地通天。主峰海拔2160米，壁立千仞，险不可登，只有一条近乎垂直的小道顺陡峭的石坡岭脊通到峰顶。其攀登之艰险，景色之俊秀，堪称神州名山之冠。

当然，这只是一个神话故事。事实上这个劈山的巨灵神不是别人，而是黄河自己。其实，不仅是黄河，所有的河流都能依靠自身的汹涌奔腾的冲击力，荡除前进道路上的一切障碍，把岩石碎裂成泥沙，为自己开辟出前进的道路。在陕西省南部的气势磅礴的崇山峻岭中，有一条蜿蜒在山谷中潺潺而流的小溪，它清澈、平静，仿佛一泓流动着的水晶。突然间风云突变，乌云密布，狂风呼啸，顷刻间大雨如注般地从天而降。起初，人们还只看到溪水迅速上涨并逐渐变得浑浊。两个多小时以后，一阵隆隆的响声透过淅淅沥沥的雨声从山谷的上方传了过来，就像是有一列火车正轰隆隆地飞驶而来，震撼着山谷。只见溪水骤然暴涨了起来，本来不超过丈宽的溪水，转眼间已变成有几米宽的洪流。它夹带着泥沙和石块，强烈地冲刷着溪谷的两岸，就像挖掘机一般，两岸山脚的岩块顷刻间便被淘刷一空，继而又引起两侧山坡的崩塌。这些跌落水中的泥沙和岩块，立即加入了洪水的行列，形成了浩浩荡荡、呼啸而下的泥石流。在它的强烈冲击下，河床底部迅速被下切了 2～3 米。同时，由于坡脚不断被掏空，两侧的塌方也更加严重。有的山脚刚被洪水淘刷出一处不大的陡坎，只过了 1 分多钟，陡坎变成了一个长 10 多米、宽几米、深 2～3 米的大坑。

显然，这条小溪的变迁仅仅是水流冲击能力的一个微小缩影而已。历代生活在溪流旁边的人们有谁不曾目睹洪水的威力，不曾经历过它所带来的祸害？据计算，若水流流速为每秒 12～15 米，流量在每秒 500～800 立方时，其冲击力可高达每平方米 60～100 吨。若水流流速增大，冲击力则会以平方级倍数来增长。这就是人们在洪水泛滥时不难看到一些道路、村舍、桥梁，甚至坚固的大坝被水流冲得七零八落，毁于顷刻，也不难看到一些重达几十吨、几百吨的巨石在汹涌洪流的裹挟下轰然滚动的原因。

水能的威力最典型的案例，莫过于 2011 年 3 月发生在日本的大海啸。从电视画面中，人们不难看到，那铺天盖地汹涌而来的海水，顷刻之间就荡平了原本高高雄踞的许许多多的高楼大厦（据统计有

30多万栋房屋被毁)，轻而易举地把一艘艘巨轮抛到离海岸线百米之外的岸上，沉重的集装箱、汽车，甚至飞机都像小玩具一般被海浪抛上抛下。

2011年3月，日本大海啸后被冲毁的集装箱和汽车

你知道吗

海　啸

海啸，由风暴或海底地震造成的海面大浪并伴随巨响的现象，是一种具有强大破坏力的海浪。1960年5月21日，太平洋彼岸的智利发生8.9级大地震，并引发了海啸。这次海啸历经近3天的时间，横过太平洋，在24日到达日本，竟然还把一艘渔船抛到高出海面2～3米的码头上，压塌了距岸40多米的民房。

其实水流的能量早为人们所熟知。还在人类的蒙昧时代，就已领教过它的威力。我国古代广为流传的大禹治水的故事，就是人类与水流的威力进行搏斗的最早记载。而水力的利用则是最先从舟船的发明开始，舟船不仅利用了水的浮力，也利用了水流流动所产生的推力，故有顺水推舟之说。当然，这种利用是非常原始的。

大约 2500 年前战国时期都江堰的建造，是人类利用水力的另一个里程碑。它采用开渠分流来减缓水流的冲力，让原本桀骜不驯、横闯乱撞、灾害频发的岷江得到了治理和束缚，不仅方便了航船，又便利了灌溉，使当地成为“水旱从人，不知饥馑”，旱涝保收的“天府之国”。

都江堰远眺 都江堰位于四川省都江堰市西北岷江中游。发源于岷山的岷江，水源充沛，在从山区进入成都平原后，流速陡降，以致频频发生淤积，水灾严重。战国初期，蜀相开明最先开挖沟渠，给岷江分流，以减轻水患。到秦昭襄王时，李冰任蜀郡守（约公元前 256—前 251 年），为根治岷江水害，和其子在前人治水的基础上因地制宜，因势利导，带领当地人民基本建成了留存至今的都江堰（后世曾多次予以修建，但基本面貌仍保留了当年的状态）。

大约在公元前 100 年的西汉时期，出现了一种用水力驱动作舂的原始机械——水碓，借以去除谷壳和麦壳。这应该是最早直接利用水力的机械。到魏晋时期，这种水碓已广为应用。东汉建武七年（公元 31 年），南阳太守杜诗制作了另一种水力机械——水排。它利用水流

的冲力来带动齿轮运转，并通过连杆带动鼓风机向炼铁炉鼓风。东汉时期，著名的科学家张衡（78—139）在制作用于观察天象的浑天仪时，为了使浑天仪能够按照时刻自己转动，设计了一组滴漏壶。滴漏壶是古代测知时刻的仪器，它用一个特制的盛水的器皿，下面开个小孔，水一滴一滴地流到刻有时刻记号的壶里，人们只要看到壶里水的深浅，就可以知道是什么时刻了。当时还没有发明钟表，我们的祖先就用它来测定时刻。张衡运用这个原理，设计了一组滴漏壶，巧妙地使两个壶和浑天仪配合起来，利用壶中滴出来的水的力量来推动齿轮，齿轮再带动浑天仪运转，通过恰当地选择齿轮个数，巧妙地使浑天仪一昼夜转动一周，把天象变化形象地演示出来，使人们可以从浑天仪上观察到日月星辰运行的现象。在这之后又有水磨、水碾、水纺车等的发明。这些都说明，我国先民比欧洲至少早 100 年就应用水力了。

明代仿制的浑天仪，也叫“浑仪”，是古代测定天体位置的一种仪器。浑天仪最初（约公元前 135 年）由西汉时期的落下闳所制作，张衡作了进一步的改进。它由若干个可绕相当于地轴的轴转动的圈构成。这些圈分别代表赤道、地球绕太阳旋转的黄道等。观察者可借以判断天体的所在位置。

当然，所有这些早期的水力机械都是非常原始、非常简单的，它们也仅仅是利用了拥有庞大能量的水力资源的微不足道的部分，真可说是九牛一毛。

对水能的大规模利用，则是在近代有了电力的发明之后。

原始的利用水力推动的水磨坊的外观。巨大的木制水轮，在流水的推动下发生转动，然后通过连接水轮的中轴和齿轮，传递给安装在屋内的磨盘。

第一章
水能概述

1

1964 年 2 月 28 日，印度洋上留尼汪岛的比鲁夫地区，突然下起了一场猛烈的暴雨，那倾盆而下的雨水就如同巨大的瀑布从天骤降。人在雨中，只见周围是一片茫茫的水帘，几步外什么东西也看不见。暴雨还把当地热带地区茂盛丛林的枝叶打得稀里哗啦，有些树的叶子几乎被打掉完，地上到处铺满了厚厚的散落的残叶；在残叶中时而还可见到小鸟的尸体。这是那些来不及躲避到安全地带的小鸟，不幸被大雨淋死。据事后统计，在 9 个小时内，这里的总降雨量达到 1087 毫米，是人类历史上记录到的最大一次的降水。

小鸟为什么会被雨水淋死？这是雨水蕴含有水能的证据。其实，类似的证据我们在许多地方都可以找到。例如在一些古老房子的屋檐下，你只要仔细观察，必定会发现地面的砖石上分布有许多小小的凹坑。它们是怎么形成的呢？原来它们也是雨滴的杰作。那些从屋檐不断滴落的蕴含有水能的雨滴，长年累月地冲击地面，便在坚固的地面留下它们的痕迹。成语“滴水穿石”就是这个道理。

四川奉节天坑底所见的滴水坑 天坑位于距奉节县城 91 千米的荆竹乡小寨村，在地理学上叫“岩溶漏斗地貌”。天坑坑口地面标高 1331 米，深 666.2 米，坑口直径为 622 米，坑底直径为 522 米。坑壁四周陡峭，坡地上草木丛生，野花烂漫，坑壁有几个悬泉飞泻坑底，坑底下边有地下河。小寨天坑被誉为“天下第一坑”，属当今世界洞穴奇观之一。其形成至少有上百万年的历史，所以位于坑底的由滴水形成的水坑格外巨大。

第一节　什么是水能

一　什么是"能"

要说水能，我们有必要先来讲讲什么是"能"。

能，顾名思义是能力、能够的意思；意指有了它我们就能够做想做的事情，就有能力去完成希望完成的任务。例如，我们自己或所有的生命，若想维持旺盛的活力，就必须不断地补充食物。如果没有源源不断的食物补给，生命就会很快终止。在这里食物就是生命赖以生存的能，是它为生命的生生不息、茁壮成长提供了基本的能，也是它为生命的各种活动，如迁移、捕猎、繁殖、搏斗等输送了必要的能力。因此，对人类而言，食物作为能就是我们维持生存和发展物质文明的动力。

2005 年 10 月 7 日世界大力士冠军赛总决赛在四川省成都市武侯祠落下帷幕，来自波兰的麦瑞斯·普扎诺斯基夺得冠军。图为大力士把重达 160 千克的圆形巨石放到高度为 1.5 米的台面上。大力士之所以有如此大力气，显然与他平时摄取的食物比常人多得多密切相关。

所谓的“能量”，则是对能的大小的一种度量。由于提到能就必然地会涉及它的大小和多少，因此人们一般都会把“能”和“能量”视为不分彼此的同义词。

能的来源，我们就称为能源。“能提供能量的自然资源。例如煤炭、石油、天然气、水力、风力、核能和太阳能等。能源是人类赖以生存和发展工业、农业、科学技术、国防，以及改善生活的燃料和动力来源。”

根据能的来源不同和表现方式的不同，人们把能概略地分为七大类：机械能、热能、电能、化学能、电磁能、原子能和重力能。这些不同的能相互之间是可以互相转化的。如煤炭、石油、天然气的燃烧就是由化学能转化为热能；食物给我们提供的也是一种化学能，它通过我们人体的生物作用转化为保持我们体能的热量，和维持我们机体运动的动能。再比如太阳产生的太阳能通过风和水的运动，便转化为风能和水能。风能和水能是通过运动产生的，所以也是一种动能，也就是机械能。当我们利用这种动能来驱动电机发电，就使它们转化成电能。

今天，我们人类使用的能源实际上主要有四个来源：第一类是太阳能，它不仅指太阳所带来的光和热，也包括煤炭、石油、天然气等矿物燃料，因为它们实际上是亿万年前太阳能凝固的产物；还有风能、水能、海洋能和生物质能也都是太阳能转化而来的产物。第二类是核能，它包括核裂变能和核聚变能。如核电站就是利用铀原子的裂变所释放出来的能量，氢弹的爆炸则是利用了核聚变能。第三类是来自地球内部的能量。这种能量的蕴藏量非常巨大，火山爆发和地震就是这种能量的具体表现，可惜至今我们还无法利用这种能量。已被利用的来自地球内部的能量是地热能，遗憾的是目前它的利用也非常有限。还有地球本身的引力所产生的重力能，也是地球内部能量的一种表现，水能从某种程度上来说也是重力能转化的结果。第四类是来自月球、太阳和地球之间的引力能，潮汐能便是这种能转化的产物。

你知道吗

核聚变能

太阳之所以能发出强大的光和热，拥有无穷无尽的能量，就是由于来自它的核心正在不断发生 4 个氢原子聚合成为 1 个氦原子的核聚变反应，也就是说来自核聚变能。据计算 1 克氢原子聚合成氦原子所释放出来的能量，相当于燃烧 15 吨汽油。人们估计太阳每秒钟有 6～7 吨的氢原子聚合成为氦原子。

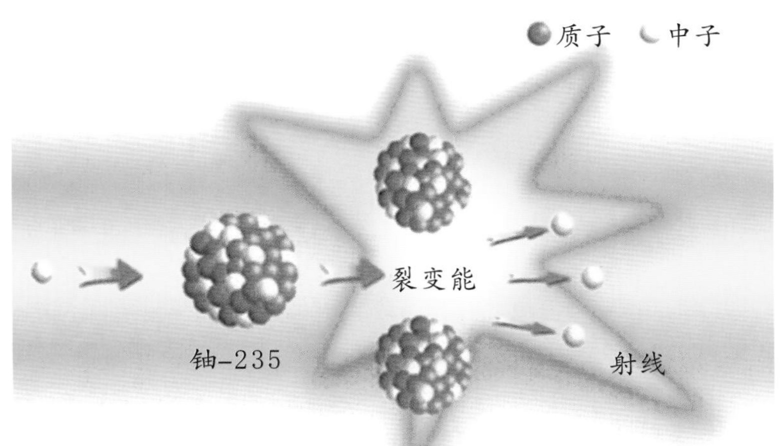

核裂变示意图 放射性元素铀-235 的原子在中子的轰击下，分裂成两个大小相近的中等大小的原子，还同时放出 2～3 个中子，放出的中子又可以轰击其他铀核，使它们也发生裂变。这样，裂变将不断地自行继续下去。这种现象叫做链式反应。链式反应的结果是大量的中子被释放出来，从而产生了巨大的能量。据估算，这些能量是同质量石油燃烧时所产生能量的 200 万倍。

能源还可分为一次能源和二次能源。一次能源是指直接取自自然界，且不改变它的形态的能源，如煤、石油、天然气、柴草、地热、风力、水力、太阳辐射等。二次能源则是指经人为加工所形成的另一

种形态的能源，如电力、蒸汽、煤气、焦炭、酒精，以及诸如汽油、柴油、重油等各种石油制品。

能源还分可再生能源和不可再生能源。太阳能、水能、风能、地热能、重力能、海洋能和生物质能是属于可以再生，不断得到新的补充的可再生能源。煤炭、石油、天然气等化学燃料，以及铀、钍等核燃料则是用掉一点就少一点，无法得到补充的不可再生能源。

根据应用范围、技术成熟程度，能源又分为常规能源和新能源。煤炭、石油、天然气、水能和核能等都已得到大规模的经济开发和利用，称为常规能源。太阳能、地热能、风能、海洋能、氢能和重力能等，大多未被充分利用，甚至有的还处于研究、摸索如何开发应用的阶段，称为新能源或非常规能源。

另外，根据使用能源时对周围环境可能造成的影响，人们又把能源分为清洁能源和非清洁能源。清洁能源又常常被人们叫做“绿色能源”。它包含有两层意思：一是指利用现代技术在开发利用它们时，不会对周围环境带来明显的危害，如太阳能、水能、风能、地热能等；二是指我们采用适当的技术，使那些本来危害环境的资源，转害为利，从而取得把能源的开发利用与净化环境、改善周围环境状况相结合的效果。如充分利用城市垃圾、淤泥等废弃物等所蕴藏的能源。

二　水资源和水力资源

那么究竟什么是水能呢?

简单地说水能就是水所蕴藏的能量。其中，最重要的首先是水力能，也就是指水运动时所产生的动能和重力能。更具体地说，狭义的水力能是指河流的水力资源；广义的水力能既包括河流水力能，也包括海水运动所产生的潮汐能、波浪能、海流能等有关的能量资源。除水力能外，水能还应该包括蕴藏在水中的其他能源，如海水中蕴藏丰富的热能，与海水含盐量有关的化学能，以及与海水成分相关的核能等。

水能是一种可再生能源，也是清洁能源。人类对水能的利用有着悠久的历史，但早期主要是将水能转化为机械能，如前面已经谈到的水碓、水排、水磨、水纺机等，显然这种利用的规模是有限的，应用的效率也非常低，直到电机的发明、高压输电技术的发展和利用水力发电技术产生之后，水能才有了大规模的开发利用。到 20 世纪 90 年代初，河流水能已成为人类大规模利用的资源；潮汐水能虽然也得到了较成功的利用，但规模仍然有限；而蕴藏量更为丰富的波浪能和海流能以及其他的水能资源，基本上还处于开发研究阶段，未能付诸实用。

既然水能是水所蕴藏的能量，那么就让我们先来看看，在地球上究竟拥有多少水资源。大家知道，在地球上，水虽然没有像大气那样形成一个完整的圈层包围在地球表面，但它以海洋的形式占有地球表面近 3/4（70.8％）的面积。古时候，人们曾经误以为，大地是漂浮在茫茫无边的水面之上。除海洋外，陆地上还有纵横奔腾的河流、大小不一的湖泊；还有高山上的皑皑白雪、极地广袤的冰川；更有那些隐藏在土壤和地层之中的地下水。虽然这些水所处的环境不同，存在

遍地冰雪的南极 在南极大约 98％的地域被一个直径为 4500 千米的永久冰层所覆盖，故有“冰盖”之称。其平均厚度为 2000 米，最厚处达 4750 米。总贮冰量为 2930 万立方千米，占全球冰总量的 90％。

方式也有一定的差别，但它们之间还是有着千丝万缕的联系，从而在地球表面组成了一个不完全连续的圈层——水圈。这个水圈，据测算，其总量大约为137亿亿立方米。其中96.7%储藏在海洋中，另外2%分布在南北两极的冰山和高山冰川中，而湖泊、河流、地下水、大气中和生物体内的水，全部加起来还不足全球水量的1%。我国是一个水资源相对贫乏的国家，水资源拥有量约为2.7万亿立方米，人均水拥有量仅为2050立方米，而美国人均水拥有量是13904立方米。

在前面，我们已经谈到，地球上的水资源所蕴藏的能量，绝大部分是我们今天还无法开发利用的，因此本书在讲到水能时，我们主要着眼于河流的水力资源。鉴于目前水力发电是水力资源利用的最主要方式，故通常把水电作为水力资源的代名词。构成这种水力资源的最基本条件是水流量和水头落差（水从高处降落到低处时的水位差），流量大、落差大，所蕴藏的能量就大，蕴藏的水力资源也就大。水力资源的大小一般用功率来度量，单位为千瓦或马力。大家都熟知，家里使用的电器的耗电量是以千瓦时来计算的。1千瓦时就是功率为1千瓦的机器工作1小时所消耗的电能。马力的原意是指马的力量，若把它换算为千瓦，则1马力=0.7355千瓦。

你知道吗

世界上水头落差最大的瀑布是委内瑞拉南部的安赫尔瀑布。它位于南美洲委内瑞拉玻利瓦尔州圭亚那高原的丘伦河上。丘伦河水从平顶高原奥扬特普伊山直泻而下，宽150米，总落差979米，瀑布分为两级，最长一级瀑布高807米。仰望瀑布，仿佛从天而降，故又享有“天堂瀑布”之称。

黄果树瀑布 蕴藏巨大水力的黄果树大瀑布，位于贵州省镇宁布依族苗族自治县的白水河上。瀑布宽约 20 米（夏季水量大时可宽达 30～40 米），落差达 60 米，是我国境内最大的瀑布。

世界水力资源统计（据英国《国际水力发电与坝工建设》2000 年的统计）

分类及地区	理论蕴藏量（万亿千瓦时）	技术可开发（万亿千瓦时）	经济可开发（万亿千瓦时）	经济可开发比重（%）
世界总计	40.000	14.370	8.082	100.00
发达国家合计		4.810	2.510	31.10
发展中国家合计		9.560	5.570	68.90
北美洲、中美洲	6.310	1.660	1.000	12.37
拉丁美洲	6.766	2.665	1.600	19.80
亚洲	19.400	6.800	3.600	44.54
大洋洲	0.600	0.270	0.107	1.32
欧洲	3.220	1.225	0.775	9.59
非洲	4.000	1.750	1.000	12.37

全球水电资源的蕴藏量十分可观，据有关最新资料统计，目前世界上已估算出的水电资源的理论蕴藏量为每年 40 万亿～50 万亿千瓦时（1 千瓦时＝1 度），其中每年 14 万亿～15 万亿千瓦时在技术上具有开发的可行性。所以从理论上讲，这种可以依赖当今技术水平开发的水电资源，完全可以满足当前全球的用电需求。

三　水力资源在能源资源中的地位

前面我们已经谈到，能源是人类赖以生存和发展的基础和支柱。没有能源也就不会有人类社会的今天。纵观人类社会的发展，可以根据所利用能源的状况将其分为5个阶段：

①火的发现和利用；

②畜力、风力、水力等自然力的原始简单利用；

③化石燃料的开发和利用；

④电的发现和开发利用；

⑤核能的发现和开发利用。

火的利用使人类结束了茹毛饮血的原始生活，并开创了人类的文明史。有了火，人类才有了熟食，并可用于照明和取暖，进而又用于冶炼矿石。青铜器和铁器的铸造，使人类从石器时代迈入青铜器时代和铁器时代，推动了社会文明的发展。那时候人们使用火，其主要能源是草木燃料，也就是我们现在所说的“生物质能”。

北京猿人在用火　北京猿人又称“中国猿人北京种”。他们大约生活在57万年前，其化石发现于北京房山周口店。自1921年以来，已先后在那里发现有来自40多个不同年龄和性别的猿人个体的化石。在他们居住的猿人洞里，同时还发掘出大量哺乳动物的化石，其中约30%已灭绝，也发掘出他们使用过的大量的石器和骨器。

在进入漫长的农业社会后，木材虽然仍是人们利用的主要能源，但畜力也开始扮演着重要的角色，此外风力、水力的利用也开始进入人们的生活，只不过那是一些非常简单和原始的直接利用，规模是十分小的。

煤和石油的使用，虽然早在两千年前已经开始，但那只是一些零星的、谈不上规模的利用，只有在 18 世纪蒸汽机的发明之后，才促进了煤炭的大规模利用，并开创了人类历史上的第一次产业革命，实现了能源的第一次大规模的人为转换，把煤炭的化学能转化为热能来使用。1860 年煤炭在世界一次能源的消费结构中占 24%，1920 年上升为 62%，人类进入了煤炭时代。

18 世纪末 19 世纪初，电的发现和研究，大大地推进了科学技术的发展。尤其是电机的发明，和蒸汽机的发明一样，对人类社会的发展具有划时代的意义。1881 年，随着火力发电站的兴建，电能开始成为人们生活中最直接使用的二次能源。

20 世纪初，随着汽车工业的发展，石油的应用量与日俱增，到 20 世纪 70 年代，石油在世界能源的消费比例中已攀升到 47%左右，煤炭为 28%，天然气占 18%。于是石油取代了煤炭，完成了能源的第二次大转换。

烟雾缭绕的火力发电厂 一个 100 万千瓦发电能力的火力发电厂每年要消耗 3 百万～4 百万吨原煤。其产生的污染物，除大量的二氧化碳外，还有 2.7 万～3.6 万吨的二氧化氮，5 万～6 万吨的二氧化硫以及约 30 万吨的粉尘。

火力发电厂机房内景

但是，不论是煤炭还是石油都是一种不可再生资源，长期大量的消耗使得这种资源的供应日趋紧张。更严重的是长期大规模的消耗，使其产生的污染与日俱增，人类生存的环境遭受到了前所未有的威胁。这使人们清晰地意识到社会的发展不能再继续依赖这种既不可再生，又严重危害生存环境的非清洁能源。因此进入 20 世纪 80 年代至 90 年代，人们纷纷把目光转向可再生又不会给环境带来太大危害的新能源。这就使水能、风能、太阳能、地热能等新能源的利用受到了人们的格外重视。尤其是技术成熟度比较高的水力资源的利用，成了最受青睐的能源。然而由于受到资源分布不均衡的局限，以及经济投入较大，建设周期较长等因素的影响，迄今水力资源在世界能源消费中的比例还十分有限。据统计，到 2003 年年底，化石能源仍然是世界的主要能源，在世界一次能源供应中约占 87.7％，其中石油占 37.3％、煤炭占 26.5％、天然气占 23.9％。包括水能在内的非化石能源和可再生能源虽然增长很快，但仍保持较低的比例，约为 12.3％。不过可以看到人们正在努力改变这一现状。如欧盟计划 2010 年在可再生能源中，风电要达到 4000 万千瓦，水电要达到 1.05 亿千瓦。2003 年初英国政府公布的《能源白皮书》则确定，到 2010 年可再生能源发电量占英国发电总量的比例要从当时的 3％提高到

10%，到2020年达到20%。2009年9月22日，我国国家主席胡锦涛在联合国气候变化峰会开幕式上，在进行题为《携手应对气候变化挑战》的演讲时，也宣布要大力发展可再生能源和核能，争取到2020年让非化石能源占一次能源消费比重达到15%左右。2009年11月25日，国务院总理温家宝主持召开国务院常务会议，会议决定，通过大力发展可再生能源，到2020年，中国水电将提高到30万兆瓦(1兆瓦=1000千瓦)、风电提高到5万兆瓦，太阳能提高到1800兆瓦，使可再生能源的消费比例占全部能源消费的15%。

你知道吗

我国的能源消费结构：1999年，煤炭76.2%，石油16.6%，天然气2.1%，电力(水电、核电、新能源发电)5.1%。2009年，煤炭70.3%，石油18.0%，天然气3.9%，水电、核电、风电7.8%。

2006年世界水力发电消费前10位国家排行榜

地区或国家	消费量(百万吨油)当量	占世界消费额(%)
中国	94.3	13.7
加拿大	79.3	11.5
巴西	79.2	11.5
美国	65.9	9.6
俄罗斯	39.6	5.8
挪威	27.1	3.9
印度	25.4	3.7
日本	21.5	3.1
委内瑞拉	18.4	2.7
瑞典	14.0	2.0

第二节　我国的水力资源

一　我国河流水力资源的状况

我国国土辽阔、江河众多，蕴藏着丰富的水力资源。在20世纪曾先后进行过5次调查（包括新中国成立前2次），其中最详细的一次是1977～1980年，由水利电力部组织的全国大勘查，共调查了水能在1万千瓦以上的大小河流3019条，估算全国拥有水力资源为6.76亿千瓦，相应可年发电量为6.02万亿千瓦时，约占世界总河流水能的1/6，位居世界第一。其中，技术可开发容量约为5.45亿千瓦。

就全国而言，水力资源技术可开发量最丰富的三个省（自治区）是四川、西藏和云南。它们的技术可开发量按装机容量（指全部电机的发电能力）计算分别为12004万千瓦、11000.4万千瓦和10193.9万千瓦，分别占全国技术可开发量的22%、20%和19%。以江河而论，全国江河水力资源技术可开发量前三名为：长江流域25627.3万千瓦，雅鲁藏布江流域6785万千瓦，黄河流域3734.3万千瓦，分别占全国技术可开发量的47%、13%和7%。

丰富的水力资源，为我国发展水电事业奠定了优良的基础。有人指出，若以其中的4亿千瓦来计算，则可年发电量约为1.7亿千瓦时。按使用100年计算，即相当于600亿吨标准煤，占我国常规能源消费资源量的40%。事实上，经过多年发展，我国的水电建设虽然

还没有达到预想的目标，但也已取得了很大的成就。目前我国水电装机容量突破2亿千瓦，占全部电力总装机容量的1/4，提供了全国约1/5的电力需求。其中，利用小股水流建设的小水电站，解决了3亿人口的用电问题，特别是对解决农村偏远地区的用电困难发挥了重要作用。目前，全国已建成800多个小水电站。这使一些生态环境脆弱的山区和荒漠地区能够以电代柴，减少了对植被的砍伐，治理了环境，保护了生态，促进了农村地区经济和社会的发展。大型水电站的建设，有效地提高了河流的防洪能力，也使住在河流两岸的人们免受洪水的祸害，改善了农业灌溉、工业生产和城市生活用水以及航运发展条件。其成功的典范，如新安江、葛洲坝、二滩、小浪底、三峡等大型水电站的建设，均为地方经济发展注入了活力，有力地带动了当地旅游、环境保护等各项事业的发展，充分体现了经济效益和社会效益的统一。

你知道吗

煤有泥炭、褐煤、烟煤、无烟煤之分，它们的发热量不同。为了计算能量的方便，我国规定以每千克发热量7000千卡的煤为标准煤。以此计算：每千克汽油的发热量相当于1.4714千克标准煤；每立方米天然气相当于1.2143千克标准煤；1.229吨标准煤相当1万度电的能量。

不过，我们也应该看到我国的水力资源仍存在以下三大不足：

一是水力资源量虽然十分丰富，但由于我国人口众多，若按人均资源量来算并不富裕，仅相当于世界人均资源量的一半左右。

二是水力资源分布不均衡，与经济发展的现状也极不匹配。众所周知，我国经济的重心主要在东部沿海地区，而水力资源却主要分布在西部，尤其是西南部。从行政区考察，西南占68%，中南占15%，

壶口瀑布　壶口瀑布位于山西省吉县西部南村坡下，因黄河河谷在此收束如壶口而得名。骤然变窄的黄河水，形成直坠10多米之深的瀑布。汹涌的波涛如千军万马奔腾怒吼，声震河谷，恰如万鼓齐鸣的旱天惊雷，让人真正体验到“黄河在怒吼”“黄河在咆哮”的声势。

西北占10%，华东占4%，东北占2%，华北仅占1%。

三是江河来水量在冬季和夏季均有较大的变化。这是由于我国是世界上季风最显著的国家之一，冬季受到来自北部西伯利亚和蒙古高原的干旱气流所控制，干旱少水；夏季则受到来自东南部太平洋和印度洋的暖湿气流的控制，高温多雨。因此，降水时间和降水量在年内高度集中，此时的降水量占全年的60%～80%，以致许多河流的年径流量的最大值与最小值常有几倍的差值，如长江、珠江、松花江为2～3倍，淮河达15倍，海河更达20倍。年径流量的这种变化，显然对保障水电站的正常运转是十分不利的，需要建设相应的水库来调节。

所以在开发利用水力资源时，我们不能不对上述三个因素予以充分的考虑，进行必要的调节，使其平衡。

雅鲁藏布大峡谷 雅鲁藏布大峡谷位于西藏雅鲁藏布江下游，是地球上最深的峡谷。大峡谷核心无人区河段的峡谷河床上有罕见的四处大瀑布群，其中一些主体瀑布落差都在30～50米。据国家测绘局公布的数据，这个大峡谷北起米林县的大渡卡村（海拔2880米），南到墨脱县巴昔卡村（海拔115米），全长504.6千米，最深处达6009米，平均深度为2268米，是世界上第一大峡谷。曾被列为世界之最的美国科罗拉多大峡谷（深1880米，长400千米）和秘鲁的科尔卡大峡谷（深3203米），都不能与雅鲁藏布大峡谷等量齐观。

二 我国水力资源开发状况和前景

水力资源是一种可再生的清洁能源，它不会对环境产生重大污染，且运行费用低，便于进行电力调峰，有利于提高资源利用率和经济社会的综合效益。在当今地球传统能源日益紧张的情况下，世界各国普遍优先开发水电，大力利用水能资源。我国自然也不例外，何况我们还拥有位居世界第一位的水力资源蕴藏量。

我国第一座水电站是建于云南省螳螂川上的石龙坝水电站。它始建于1910年7月，1912年发电，当时装机容量为480千瓦，以后又分期改建、扩建，最终达6000千瓦。

云南石龙坝水电站 它位于云南省中部，滇池的唯一泄水道螳螂川上。1638年徐霞客曾游历此地，并写道：“峡中螳川之水涌过一层，复腾跃一层，半里之间，连坠五六级，此石龙坝也。”可见其险峻。宣统元年（1909年），云贵总督李经羲委派劝业道刘岑舫负责筹办该地的水力开发。刘岑舫找到云南商会总理王鸿图磋商，王鸿图随即主持成立了“商办耀龙电灯股份公司”，集股金大龙圆（银元）25万元，聘请德国水机工程师毛士地亚和电机工程师麦华德主持设计和施工。1910年7月17日正式开工。工程包括一道长55米，高2米，有17孔闸门的拦河石坝；一条长1478米，过流量8立方米/秒的砌石引水渠道；一座面积为345平方米的石墙瓦顶水轮机房；以及落差15米的大型钢管和2台购自德国西门子公司的480千瓦水轮发电机组。1912年4月12日正式发电。中国水电事业从此起步。

1949年中华人民共和国成立前，全国建成的和部分建成的水电站共42座，装机容量共36万千瓦，该年发电量为12亿千瓦时（不包括台湾）。

1950年以后水电建设有了较大发展，以单座水电站装机容量25万千瓦以上为大型，2.5万～25万千瓦为中型，2.5万千瓦以下为小型，大、中、小型并举，建设了一批水电站。其中在长江上的葛洲坝水利枢纽，装机容量达271.5万千瓦。在一些河流上建设了一大批中型水电站，其中有一些还串联为梯级电站，如辽宁浑江三个梯级站共45.55万千瓦，云南以礼河四个梯级站共32.15万千瓦，福建古田溪四个梯级站共25.9万千瓦等。此外，在一些中小河流和溪沟上还修建了一大批小型水电站。

喀斯特

喀斯特即“岩溶”。该名来自原南斯拉夫的一处岩溶高地的地名，那里广泛分布着碳酸盐质岩石。这类岩石受水的溶蚀以后，发育有非常良好的溶沟、溶穴、溶洞等岩溶地貌，因此人们便以“喀斯特”之名作为岩溶地貌的同义词。

1979年发电的乌江渡水电站，大坝建在喀斯特发育地区，建成最大坝高为168米的拱形重力坝，创造了坝高之最。

1994年开工的长江三峡工程，设计装机容量1820万千瓦，单机容量70万千瓦，成为世界上规模最大的水电站。

事实上，水电作为水力资源利用的最直接标志，在我国能源发展史上也确实占有极其重要的地位，支撑着经济社会的可持续发展。进入21世纪后，特别是电力体制改革的推进，调动了全社会参与水电开发建设的积极性，我国水电进入加速发展时期。2004 年，以青海黄河公伯峡 1 号机组投产为标志，中国水电装机总量突破 1 亿千瓦，超过美国成为世界水电第一大国。此外，溪洛渡、向家坝、小湾、拉西瓦等一大批巨型水电站也都相继开工建设。2010 年，以云南澜沧江小湾 4 号机组投产为标志，我国水电装机容量又突破了 2 亿千瓦。目前，我国不但是世界水电装机容量第一大国，也是世界上在建规模最大、发展速度最快的国家，已逐步成为世界水电创新的中心。

公伯峡水电站 公伯峡水电站位于青海省循化撒拉族自治县和化隆回族自治县交界处的黄河干流上，距西宁市 153 千米，是黄河上游龙羊峡至青铜峡河段中第四个大型梯级水电站。工程以发电为主，兼顾灌溉及供水。水库正常蓄水位达 2005 米，总库容量为 6.2 亿立方米。电站装机容量为 150 万千瓦，年发电量为 51.4 亿千瓦时，是西北电网中重要的调峰骨干电站之一，可改善下游 16 万亩土地的灌溉条件。

不过，总的说来，虽然目前我国水力资源的开发程度按装机容量计算已达到 30%，超过世界平均水平（22%），但却远低于水电开发程度较高的国家，如美国水力资源已开发利用 80%，巴西和挪威水电更占电力 90%以上。此外，我国水力资源的开发程度在地区间的差异也很大。东部水电开发程度达到 79.61%（扣除抽水蓄能电站），中部水电开发程度也已达到 32.28%，只有西部地区水电开发程度很

低，仅11.41%（其中，西南地区只有8.58%）。

从目前情况看，国家实施西部大开发战略，全国的经济形势、资金环境和融资条件对水电建设十分有利。但也存在一些问题和不利条件，主要是：①西部水电的市场在东部，需要开放东部电力市场来吸收西部的水电；②西部水电送电到市场的距离较长，“西电东送”的输电成本较高；③财税政策和电价政策不合理，影响了西部水电的效益和竞争力；④缺乏鼓励建设具有调节性能水库电站的政策，水电总体调节能力有待提高；⑤水电的防洪、灌溉、航运等综合利用任务增加了水电建设的额外负担；⑥水电前期工作滞后，影响了水力资源的长远开发；⑦水库建设带来的移民问题，对水电建设和运行造成一些不利影响。

显然，合理解决这七个方面的不利因素，是今后发展我国水电事业必须充分关注的课题。据此，人们认为在现在和将来一段时间内，

深山里的小水电站 按我国水利电力部颁布的标准，凡是装机容量小于2.5万千瓦的水电站属于小水电站。它们对解决农村偏远地区的用电困难发挥了重要作用。

我国的水电建设应该首先优先开发调节性能好的水电站，并从全电力行业和社会经济发展的角度综合考虑和研究水电的开发强度，避免出现浪费；其次，应合理评价抽水蓄能电站的经济效益，充分发挥抽水蓄能电站的填谷、调峰作用，并协调发展中、东部地区的抽水蓄能电站；再次，进一步加强水电的综合开发方式，并着力避免水电建设带来的生态问题。与此同时，以国家实施西部大开发战略和“西电东送”工程为契机，集中资金和制定有关政策支持开发西部具有战略性的水电站，抓紧抢建一批具备开工条件又有调节能力的大型水电站，努力实现全国能源资源的优化配置和电力结构的调整。另外，在着力建设各大型水电基地之外，也应该继续重视小水电站的开发。事实上我国的小水电资源十分丰富，理论蕴藏量约为 1.5 亿千瓦，可开发量为 7000 多万千瓦，相应年发电量为 2000 亿～2500 亿千瓦时。小水电站除了具有大水电站的不污染大气、使用可再生能源而无能源枯竭之虑和成本低廉等优点外，还对生态环境的负面影响小，技术成熟，投资少，可采用当地建筑材料，吸收当地劳动力建设，从而降低建设费用，并且其设备易于标准化，能降低造价，缩短建设工期，无需复杂昂贵技术等，有利于我国经济不发达的山区和农村实现电气化，因此非常适合农村和山区的需要。

综上所述，人们预计到 2020 年，我国水电装机容量将有望超过 30 万兆瓦的目标，达到 38 万兆瓦，其中常规水电 33 万兆瓦、抽水蓄能 5 万兆瓦。

第三节　水能利用的发展方向

前面我们已经谈到，水能是水所蕴藏的能量，它有多种不同的表现方式。除了我们已经广泛介绍过的河流水力能，它还应该包含海洋潮汐能、波浪能和海流能等与水的运动有关的能量资源，以及与水的热能有关的海水温差能和与水的化学成分有关的盐差能与核能。

众所周知，由于技术上的种种原因，长期以来除河流水力能外，其他水能一直未能得到人们的充分利用，有的甚至完全未被人们所触及。然而，近代当人们越来越迫切地感受到传统能源的使用所带来的严重污染问题，以及被传统能源蕴藏量日趋紧张而困扰时，可再生、少污染的清洁能源的使用便纷纷受到了人们的重视。水能作为可再生的清洁能源之一，自然也不例外。这就使人们在继续积极开发利用技术成熟度比较高的河流水力资源的同时，也把目光投向以往未受到重视的其他水能。

人们认为开发其他水能，一是可以扩大能源利用的多方面领域，改善世界的能源结构，使人类有可能摆脱对某一种能源的过分依赖。二是可以弥补水力资源分布不均衡的局面。以我国为例，河流水力资源主要分布在西部地区，而能源利用量大的却是在东部地区，为此人们不得不花费巨大的精力和财力，修筑“西电东送”工程。现在如果能把海洋的潮汐能、波浪能和海流能开发出来运用，显然就会有效地改善东部地区的能源环境。三是可以大大地充实和丰富人们的能源资

源，这将使拟议中的海水淡化、沙漠绿化、气候控制、灾害治理等一系列工程的开展有了充足的能源支持。

你知道吗

我国是淡水资源相对贫乏的国家，人均淡水拥有量仅为世界人均拥有量的1/4，且分布极不均匀。全国有400多个城市缺水，110个城市严重缺水，还有些农村地区在饮用苦咸水，所以发展海水淡化产业对我国来说具有十分现实的意义。

海水淡化车间　由于淡水资源日趋短缺，海水淡化已成为一种必然的选择。但长期以来由于淡化的成本太高，大大地制约了这一工程的发展，而其中最关键的问题就是能源的成本。因此如果我们有了清洁的廉价的能源供应，海水淡化就必定如雨后春笋般地蓬勃发展起来。

正是出于以上的考虑，就使得海洋潮汐能、波浪能和海流能等的利用受到了极大的关注，列入优先开发的目标。其中海洋潮汐能的利用，已成为继河流水力能之后，被较多开发使用的一种新水能。潮汐具有取之不尽、用之不竭的巨大能量。那碧波万顷、惊天动地的怒涛，相信会给每个观看过海潮的人都留下不可磨灭的印象。据一些专家的估算，全世界潮汐能总蕴藏量为 30 亿千瓦以上。自 20 世纪初，欧美一些国家就开始研究潮汐发电。1912 年德国率先建成世界上第一座实验性潮汐电站——布苏姆电站。但后来由于第二次世界大战等原因，使潮汐发电长期停留在探索阶段。1958 年，我国建造了四十多座规模在几十千瓦到一百多千瓦的“土潮汐电站”，20 世纪 70 年代又再建了十多座潮汐电站。但后来终因技术上不够成熟、效率低下等种种原因，被迫废弃。第一座真正具有商业实用价值的潮汐电站是 1966 年建成的法国郎斯电站。电站总装机容量为 24 万千瓦，年发电量 5 亿多千瓦时，从而正式拉开了世界潮汐电站建设的序幕。1968 年，苏联也在其北方摩尔曼斯克附近的基斯拉雅湾建成了一座只有 800 千瓦的试验性潮汐电站。1980 年，加拿大在芬地湾兴建了一座 2 万千瓦的中间试验性潮汐电站。我国也在 20 世纪 80 年代先后建成装机容量为 3900 千瓦的江厦电站及装机容量为 1280 千瓦的幸福洋等中小型电站。

目前，潮汐能的开发在技术上已日趋成熟，而且在发展趋势上偏向大型化，如俄罗斯计划建设美晋潮汐电站，装机容量是 1500 万千瓦；英国拟建的塞文潮汐电站是 720 万千瓦；加拿大则要把芬地湾潮汐电站扩建成装机容量达 380 万千瓦的大站。韩国也计划在仁川湾兴建 48 万千瓦的潮汐电站。此外美国、印度、澳大利亚、阿根廷等国也都在积极筹建潮汐电站。人们预计到 2030 年全世界潮汐电站的总装机容量将达到 3000 万千瓦左右，发电能力达到 600 亿千瓦时。不过，这一数字与估计资源总量在 30 亿千瓦以上的庞大的潮汐能来说，显然还只是一个非常小的数字。这表明潮汐能的开发还具有非常广阔的前景。

怒海波涛 海浪的破坏力大得惊人。扑岸巨浪曾将重几十吨的巨石抛到20米高处，也曾把万吨轮船轻而易举地抛上海岸，海浪还曾把护岸的两三千吨重的钢筋混凝土构件整个地翻转过来。

被海浪折断的万吨巨轮 假如波浪的波长正好等于船的长度，当波峰在船中央时，船首、船尾正好处于波谷，此时船就会发生“中拱”。当波峰在船头、船尾时，中间是波谷，此时船就会发生“中垂”。一拱一垂就像我们弯折铁线那样，几下子便把巨轮拦腰折断。历史上由于这个原因而被折成两半的巨轮，可以说不胜枚举。

波浪的威力对于每个航海者或生长在海边的人来说都应该难以忘却。在人类的历史上，因滔天巨浪而船翻舟倾的海难事故可说多如牛

毛，难以计数。面对这蕴藏巨大能量的凶猛海浪，在当今世界普遍遭遇能源短缺的状况下，人们自然会想到，如何驾驭这些海浪来为我们所用。

据有关专家的计算，世界海洋中的波浪能的蕴藏量达700亿千瓦，占全部海洋能量的94%，是各种海洋能源中的“首户”。因此它的利用早早就进入了人们的视线，18世纪时就有许多能工巧匠把目光投向了波浪能的利用。1799年，法国人吉拉德父子最先发明了可以利用波浪能的机械，它可以随海浪的波动来驱动岸边的水泵。在他们之后的一百多年里，英国、美国和法国共有数百起关于利用波浪能的专利申请。只不过这些利用方案都是把波浪能转化为机械能来利用，规模也相对有限。1910年，法国人布索·白拉塞克在其海滨住宅附近建了一座气动式波浪发电站，供应其住宅1000瓦的电力。20世纪60年代，日本的益田善雄首先成功研制出可用于航标灯照明的利用波浪能发电的装置。1984年，挪威最先建成世界上最大的波浪能发电站，装机容量达500千瓦。1989年，日本也建成防波堤式波浪能发电站，装机容量为60千瓦。而后英国、澳大利亚、印度尼西亚、印度等国也纷纷加入建设波浪能发电站的行列。我国从20世纪70年代中期也开始对波浪能利用展开研究。1985年中国科学院广州能源研究所成功研制出可用于航标灯照明的波浪能发电装置，用于渤海、黄海、东海及南海等海域的导航灯（船）浮标上。另外，一座20千瓦的岸式波浪能试验电站、一座5千瓦的浮式波浪能发电船、一座8千瓦的摆式波浪能发电装置正在建设中。

鉴于波浪运动是海水运动的常规方式，虽然它有时是微波荡漾，有时是怒涛汹涌，很不稳定，但却又是连绵不断、永无休止的。因此利用波浪能发电，就具有在任何状况下都能正常运转的优势，能提供安全、稳定的工作性能；它又具有分布广泛、清洁、可再生的优越性，还特别有利于海上航标和孤岛用电问题的解决。有关专家估计，仅用于海上航标和孤岛供电的波浪能发电设备就有数十亿美元的市场需求。这一估计大大促进了一些国家对波浪能发电的研究。所以尽管

目前波浪能的利用还十分有限，但其前景将十分可观。

海流能是近代引起人们重视的另一种海洋水能。它是一种由海水流动产生的动能。所谓海流，主要是指海底水道和海峡中较为稳定的海水流动，我们可以形象地把它理解为海洋中的河流。此外海流能也包括由于潮汐导致的有规律的海水流动所产生的能量。所以它是另一种以动能形态出现的海洋水力能。其实，人类对海流能的利用可以说由来已久，传统的利用是助航。古人利用海流漂航，正如人们常说的“顺水推舟”。18 世纪时，美国政治家、科学家富兰克林曾绘制了一幅墨西哥湾海流图。该图特别详细地标绘了北大西洋海流的流速和流向，以供来往于北美和西欧的帆船使用，大大缩短了横渡北大西洋的时间。20 世纪中叶以来，随着潮汐发电、波浪发电的兴起，海流发电也受到许多国家的重视。1973 年，美国试验了一种名为“科里奥利斯”的巨型海流发电装置。该装置安装在海面下 30 米处，在海流流速为 2.3 米/秒的条件下，可获得 8.3 万千瓦的功率。稍后，中国、日本、加拿大等国也纷纷进行海流发电技术的研究和试验。如 20 世纪 70 年代，我国舟山有人曾自发地进行海流能开发，仅用几千元钱就建造了一个试验装置，并得到了 6.3 千瓦的电力输出。20 世纪 80 年代初，哈尔滨工程大学开始研究一种直叶片的新型海流装置，获得了较高的功率。美国、加拿大也取得了类似成果，比较成功的海流能利用试验则是由日本大学于 1980 年至 1982 年完成的。1988 年他们又在海底安装了装机容量为 3.5 千瓦的所谓“达里厄”海流机组，并让该装置连续运行了近 1 年的时间。20 世纪 90 年代，在先前研究和试验的基础上，欧共体和我国均开始计划建造海流能示范应用电站。目前，哈尔滨工程大学正在研建 75 千瓦的海流电站。意大利在欧共体“焦尔”计划的支持下，已完成建设 40 千瓦的示范装置，并与中国合作在舟山地区开展了联合海流能资源调查，计划开发建设 140 千瓦的示范电站。英国、瑞典和德国也在“焦尔”计划的支持下，从 1998 年开始研究建设 300 千瓦的海流能商业示范电站。

你知道吗

黑潮也叫“台湾暖流”或“日本暖流”，因其水色相比周围海水要深，而获“黑潮”之称。它是北太平洋西部流势最强的海流，由北赤道海流在菲律宾群岛东岸向北转向而成。它主要沿台湾东岸北上，在靠近日本时发生分流：其中西支之一沿朝鲜半岛西侧流向我国的黄海和渤海，另一支则流入日本海；东支则沿日本列岛东岸继续向东北流动。黑潮在台湾东部外海宽100～200千米，深约400米，流速最大时每昼夜60～90千米。

综上所述，我们可以看到，海流能的利用已排上新能源开发的日程，但就目前情况而言，其技术成熟度还较低，大多还处于试验阶段，规模均相对有限。但鉴于海流能所蕴藏的巨大能量，我们可以相信其未来的开发前景一定是十分巨大的。

在开发海洋新能源方面，人们不仅把目光投向由海水运动所产生的潮汐能、波浪能和海流能，而且也正在努力设法获取与海水的运动无直接关系的、相对静止的海洋水能。这就是对海水热能和化学能的开发。海水温差发电的研究和试验，就是一种利用海水热能的新尝试；而海水盐差发电则是利用海水化学能的一种新构想。尽管目前这两项能源的利用还处于探索和试验阶段，但人们普遍认为其前景是十分可观的。尤其是海水温差发电的实现，不仅可为人们提供一种新的能源资源，而且还可能有助于海水淡化工程的实施，有利于改善地球变暖的趋势。所以联合国已呼吁世界各国加快海水温差发电的研究，加快它的实施和普及。

第二章
水力发电

挪威是一个北欧国家，有三分之一的国土位于北极圈之内，且全国有三分之二的面积是山地和高原，土地贫瘠，直到 20 世纪初，挪威仍然是一个相当贫穷的国家。耕种和渔业是挪威人生存的主要手段。然而现在挪威却是世界最富裕的国家，其人均国民经济收入在 2010 年排名世界第二，达 43350 美元，相比之下，美国才排名第四，为 37610 美元。根据居民的预期寿命、人均收入、受教育水平和国家的生态环境等指标，2003 年，挪威被联合国评选为最适宜人类居住的国家之一。

美丽的挪威风光之一

美丽的挪威风光之二

挪威是怎样取得如此令人瞩目的成绩的呢？原来就是水力发电作出的贡献。

自古以来，在挪威，人们就纷纷传说，在崇山峻岭的高山上居住有一些“巨人”，它们力大无穷，吼声像雷鸣一般惊天动地。然而这种类似神话的传说毕竟经不起实践的检验。随着人们认识水平的提高，终于认识到传说中的“巨人”不是什么妖魔鬼怪，而是一个个激流飞瀑，正是它们冲击山岩的轰鸣声，被人误认为是“巨人”的吼叫。与此同时，科学技术的发展，也为人们提供了驯服“巨人”的可能。起先人们利用水力来锯木和碾磨面粉。19 世纪 80 年代还发明了利用瀑布水力的涡轮机。1907 年，在引进国外资金和技术的基础上，人们利用落差达 104 米的日究坎瀑布的水力，建造了在当时属于世界上最大的水力电站——韦莫克发电站。有了电力，挪威的工业便快速起步，经济的发展又进一步推动了水电站的建设。于是水电站的建设与经济起飞相辅相成，使挪威迅速摆脱了贫穷落后的面貌，跻身世界先进国家的行列。

第一节　水力发电的工作原理

一　水流的冲击能

到山地去旅游，那飞流直下、气势磅礴的瀑布，每每成为人们注目的焦点。当你面对这悬河泻水般的瀑布时，也许还会想起唐代大诗人李白曾经写下的传诵千古的绝句：“日照香炉生紫烟，遥看瀑布挂前川。飞流直下三千尺，疑是银河落九天。”然而你是否知道，这雄伟壮丽的瀑布会随着时间的推移逐渐向后倒退、移动。

尼亚加拉瀑布 尼亚加拉瀑布是美洲各瀑布中流量最大的瀑布。来自尼亚加拉河的河水从伊利湖注入安大略湖时，在由碳酸盐岩构成的崖壁处突然跌落形成瀑布。瀑布被湖中一小岛分为两段，总宽 1240 米，落差 49 米，平均流量达 6400 立方米/秒。其水力目前尚未得到充分利用。

瀑布会倒退？是的。根据对世界各地瀑布的考察，可以证实它们是在不断倒退的。例如世界著名的位于美国和加拿大交界处的大瀑布——尼亚加拉瀑布，据实地考察，在 2 万年前是位于尼斯城南面的悬崖上，与今天的位置相比，两地相距达 11.3 千米。其中，根据对 1802 年至 1927 年情况的调查，瀑布平均每年后退 1.02 米。我国著名的壶口瀑布也不例外。地质调查表明，在 200 万年前，它应该位于陕西省韩城县的龙门口，距现在的壶口约 60 千米，即它平均每年后退 2～3 厘米。

瀑布为什么会后退？原因就是水力的冲蚀。只要仔细观察一下瀑布所处的环境，你一定会发现，在瀑布水头的跌落处总是伴随有一个深深的水坑。这就是被人们叫做“龙潭”的地方。随着时间的推移和不断冲蚀，龙潭的周边会不断向外扩展、掏空，致使其上面崖壁上的岩石会因失去底部岩石的支撑而垮落，于是瀑布便从原来的位置向后倒退了。对于这种现象，地质学中把它称为向源侵蚀。至于后退速度的快慢则取决于两个因素：一是瀑布的水流量和落差，实际上也就是取决于水力的大小；二是当地岩石的抗侵蚀能力。壶口瀑布所在地是抗侵蚀能力较强的长石类砂岩，而尼亚加拉瀑布所在地则是抗侵蚀能力较弱的碳酸盐岩，自然其后退的速度就大大超过壶口瀑布。

泰山黑龙潭　泰山黑龙潭有“龙潭飞瀑”之称，是泰山西溪名胜之一。它位于西溪百丈崖上，瀑布飞流直下，声若雷鸣，状如挂着的千尺银链。瀑布常年倾泻，冲击崖下成潭，传说潭与东海龙宫相通，游龙自由来去，故名“黑龙潭”。

瀑布后退，向源侵蚀是水流冲击能力的一种表现。前面我们已经谈到，水流冲击能力大小的决定条件是水流量和水头落差。水流量大，水头落差大，所蕴藏的能量就大，反之则小。

二　水力发电的应用

从中世纪开始，欧洲人就一直利用流水带动水轮，将玉米或小麦研磨成粉。19 世纪初，英格兰和新英格兰的纺织厂靠水磨来提供动力。蒸汽涡轮机的发明则让水力变得更为高效。不过水力发电站的出现，则是在电的发现以后不久。1878 年，英国发明家阿姆斯特朗勋

爵在位于诺森伯兰郡的克拉格塞得家中首次利用水力发电来供电。两年后，美国密歇根州大瀑布城有人将一台水轮机与一台电刷发电机相连，为剧院和店面照明创造了充足的电力。电刷发电机是一种由查尔斯·付·布鲁西发明的早期发电机。1881 年，又有一台电刷发电机连接到了一家面粉厂的涡轮机上，为纽约尼亚加拉瀑布城提供街道照明。然而，真正可以称得上发电站的首座水力发电站，则是 1882 年在威斯康星州阿普尔顿市的福克斯河上投入使用的。当地一家造纸厂的老板将一台水轮机与一台发电机相连，建造了这一首座电站，不过它的发电量只有 12.5 千瓦，只够两家造纸厂和老板家里用电。1886 年，一座更大的发电站建成，其发电量足以满足阿普尔顿市有轨电车系统的需求。

自此以后，水力发电便迅猛发展起来。1886 年，美国共有 45 座水力发电站。到 1889 年，共有 200 座电站部分或全部使用水力来发电。与此同时，世界各地也修建了多个水力发电站。1885 年，意大利在罗马郊外山区蒂沃利建造了该国第一座水力发电站。这座发电站最初为附近城镇提供照明。但在 1892 年，该地区的另一座发电站开始为罗马城供电，并首次实现了较远距离的电力传输。不久之后，其他符合水力发电条件的国家或地区也建造了水力发电站，其中包括加拿大、法国、日本和俄罗斯。1900 年到 1950 年之间，水电的使用得到了飞速增长。

在首座水力发电站投入运营时，所有电流都以直流电输出，这限制了电流可以传输的距离。因此，这些发电站只能为水坝方圆 2.6 平方千米（1 平方英里）内的区域供电。人们常常要将几个发电站的电力合并起来才能满足较大城市的需求。建造有水力发电站的较小城镇则有自己的电力系统。19 世纪 80 年代末，随着交流电的出现，电流实现了远距离传输。于是，为城市供电的不同系统合并成了一个较大的系统，建于偏远地区的发电站开始能为远处的城市供电。接着，水轮机的改良又为大型水电站的建设作出了贡献。如 1936 年美国胡佛大坝水电站的建成就是一个里程碑。

你知道吗

人们发现采用较高的电压输电，可以减少电流线路上的损失，而交流电的一个优势就是升降压方便，便于使用高压的交流电来传送到更远的地方。

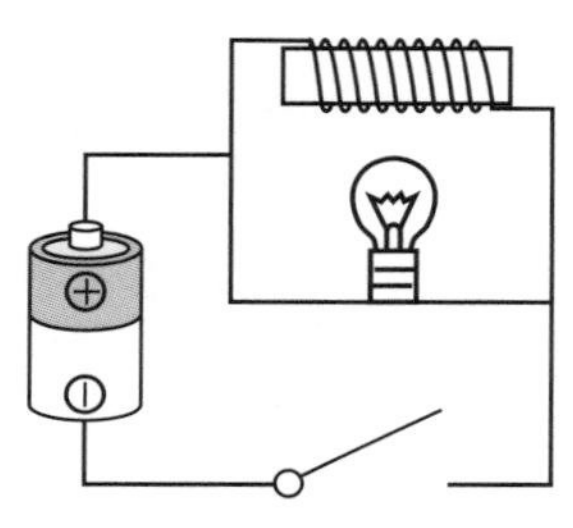

由干电池组成的直流电路 直流电是指线路中电流的传输方向和电压的大小始终保持一致的电流，所以也叫稳恒电流。譬如我们经常使用的干电池所提供的电流，就是一种直流电。干电池有正负两极，电流始终从正极流向负极。我们家庭中照明所使用的是交流电。这是一种电流的大小和传输方向会作周期性变化的电流，也就是说在它的电路中，电流一会从A输向B，一会又从B输向A，并作周期性的变换。我国规定的变换周期标准是每秒变换50次（称50赫兹）。

胡佛大坝鸟瞰 胡佛大坝位于美国亚利桑那州的西北部。大坝建在科罗拉多河上米德水库的下游，1935年建成，其名是为了纪念当时主持建设的美国第31届总统赫伯特·胡佛。该坝坝高221米，是美国最高的大坝。大坝拦截而成的米德湖长185千米，库容量为262亿立方米。1936年又建成与之相配应的水电站，设计发电量为132万千瓦时。

然而，20世纪40年代之后，廉价的矿物燃料成为了主要的发电原料，致使水力发电受到了人们的冷落，尽管它依然是世界电力的组成部分，但在世界能源的使用比例中，只占不大的比例。作为能源，石油、天然气和煤的使用量大大超过了水力。到20世纪70年代，石油在世界能源使用比例中，占有了高达46%～48%的比例，煤占28%左右，天然气占18%，三者合计达94%，水力仅占5%左右。20世纪90年代以来，随着石油、煤和天然气资源供应的日趋紧张，以及它们给世界生态环境所带来的危害，使人们清晰地意识到发展清洁能源的必要性，水力资源作为清洁的可再生能源，再度受到了人们的重视，然而由于受到建设周期较长的影响，以至于虽然石油、煤炭和天然气在世界能源消费中所占的比例有所下降，但水力利用的比例增长仍然十分有限。据有关方面的统计，到2009年，世界能源消费中，石油占34.8%，煤炭占29.4%，天然气占23.8%，水力增至6.6%，核能等新能源占5.4%。

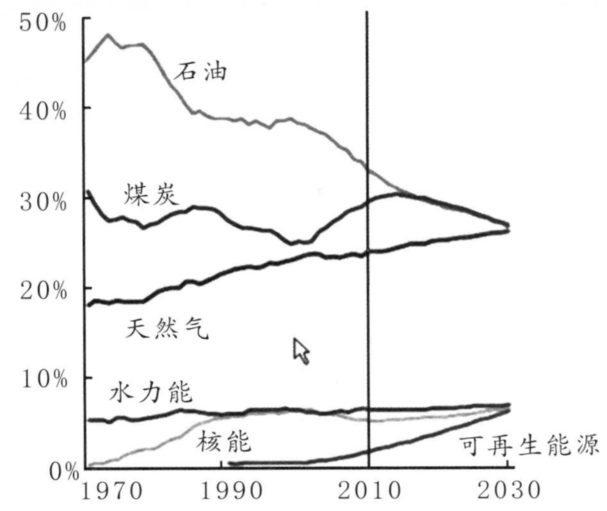

世界能源消费在各个年代所占比例示意图

（据2011年3月11日国际能源网资料）

三　大坝蓄水

前面我们谈到，决定水力大小的因素是水头落差和水流量。然而只有瀑布才有明显的几米、几十米，甚至上百米的落差，普通的河流虽然也有一定坡度，但在有限的距离里，其水头却不会表现出明显的落差。瀑布虽然落差明显，但若从水流量而言，则大多数瀑布都比较小。这一客观的事实显然不利于水电站的建造，尤其不利于大型水电站的建造。因此为了提高水流量，可采用筑坝拦水的方法，也就是建造水库来达到这一目的。

其实早在两三千年前为了农田浇灌的方便，人们已知道开挖、修筑水塘来蓄水。如在距今 2500 多年前楚庄王时期（公元前 613～前 591 年），就曾修筑了现存最早的水库——芍陂。它巧妙地利用了当地的地形特点，选择今安徽寿县南部天然低洼湖沼作为库址，并在其周围低处筑堤，形成大型陂塘。

安徽寿县芍陂（今称安丰塘水库）是现存的我国最早的水库，是淠史杭灌区的一座中型水库，号称“神州第一塘”，是全国重点保护文物。它建于春秋楚庄王时期，相传为孙叔敖所建。淮南地区是岗峦起伏的丘陵地带，由西南向东北倾斜，每逢大雨，来自西南大别山区和江淮分水岭的谷涧流水，大多由寿春附近入淮，雨多则涝，无雨则旱。孙叔敖在此因地制宜修建了芍陂，工程设计合理，形成了一个较为完整的引、蓄、灌、排系统，促进了淮南地区农业生产的发展，使淮南地区成为楚国继江汉之外又一个经济中心。

由于早期的水库主要是为了防洪、防涝和灌溉，因此一般建造的围堤都比较低矮，起不了提高水头落差的作用，也就无法直接用于水力发电。为了提高水头落差，我们就要建造高大的拦水坝，让河流上

游的自然坡降汇集体现在大坝的高度上，从而形成我们所需要的水头落差。这种大坝一般建造在河流相对狭隘的河谷地带，人们通常将其分为三种类型：重力坝、拱坝和土石坝。

埃及阿斯旺大坝 埃及阿斯旺大坝位于开罗以南700多千米的阿斯旺城附近的尼罗河上，是世界上已建的七大拦水坝之一。水库总库容为1689亿立方米，最大坝高111米，顶宽40米，底宽980米，坝顶长3830米，坝轴向上游拱曲，半径为1400米。1970年建成后，使尼罗河的灌溉面积扩大，有40万公顷沙漠变成了良田，埃及的农业产值因此翻了一番。伴随大坝建成的水电站每年可发电80亿千瓦时，为解决埃及的能源短缺作出了重大贡献。

重力坝是用混凝土或浆砌石修筑的大体积挡水建筑，它依靠自身重量在地基上产生的摩擦力和坝与地基之间的凝聚力，来抵抗坝上游汹涌而来的流水的推力，以保持稳定。一般按其建造材料可分为混凝土重力坝和浆砌石重力坝；按高度则可分为低坝（30米以下）、中坝（30～70米）和高坝（70米以上）。

拱坝是指坝体在形态上呈向上游拱曲的弧形，这使它可以将坝面

所承受的来自上游的大部分流水压力和泥沙压力，通过拱的作用传至两岸岩壁（其原理就和桥下的拱曲一样）的一种坝体。拱坝对地形、地质条件要求较高，坝址的选择要求河谷狭窄，两岸地形雄厚、对称、基岩均匀、坚固完整，并有足够强度、不透水性和抗风化性等，拱坝按最大高度处的坝底厚度和坝高的比值可分为薄拱坝、中厚拱坝和重力拱坝，按体形可分为单曲拱坝和双曲拱坝。

土石坝泛指由当地土料、石料或土石混合料，经过碾压或抛填等方法堆筑而成的挡水坝。坝体中以土和沙砾为主时称土坝；以石碴、卵石和爆破石料为主时称堆石坝；两类材料均占相当比例时称土石混合坝。土石坝长期以来是被广泛采用的坝型，优点是可以就地取材，节约大量的水泥、钢材、木材等建筑材料；结构简单，便于加高、扩建和管理维修；施工技术简单，工序少，便于组织机械化快速施工；

加纳沃尔特湖大坝 沃尔特湖是世界十大水库之一，也是世界上最大的人工湖（面积为 8482 平方千米）。它位于加纳东南部的沃尔特河峡谷，离加纳首都阿克拉约 70 千米。水库大坝为心墙堆石坝，最大坝高 111 米，宽 660 米，水库总库容量为 1480 亿立方米，形成的水域面积约为加纳国土面积的 3.6%。水库具有发电、防洪、灌溉、航运、渔业等多种作用。

能适应各种复杂的自然条件，可在较差地质条件下建坝。土石坝也有一些缺点，如坝身不能进水，需另开溢洪道或泄洪洞；施工导流不如混凝土坝方便，黏性土料的填筑受气候影响较大等，所以土石坝早期大多用于中小型水库。但近十几年来，随着各种先进的施工机械的采用，岩土力学理论的发展和计算机技术在土石坝设计中的广泛应用，为建造高土石坝创造了十分有利的条件，使土石坝得到了飞速的发展，成为当今世界上坝体高度最高、应用最广泛的坝型。据有关报道，在我国已建成的8万多座大坝中，有90％属于土石坝。

大坝是重大的水利工程，它的建成不仅可以起到拦洪蓄水、防治洪涝灾害、提升灌溉能力、预防旱灾的作用，而且可用于开发水力、建造水电站以及提高河流的通航条件等。

不过大坝一旦建成，也会破坏水资源的分布。如印度西奥里萨邦的伯兰格区，水坝修建前许多村子都有数十个水塘，修建水坝后，80％的水塘都不存在了，导致了该地区粮食的减产。只有那些保留了传统的蓄水方式、保护了森林的村庄，才经受住了连年灾害的考验。水坝建立之后还会改变降雨规律。如印度希拉库德大坝水库改变了当地的降雨规律，因为水库的一边雨量过多，而另一边却没有雨水，所以当地人认为干旱是由水库引起的。水库给一个地区带来了繁荣，却给另一个地区带来了贫穷；给一个地区增添了绿色，却剥夺了另一个地区的生机。不仅如此，水坝还会毁灭生物栖息地。如赞比西三角洲地区是一个面积达到1.8万平方千米的巨大洪泛区。但过去一个世纪以来，那个地区已没有洪水泛滥了，尤其是在赞比西河上修建了卡合拉巴萨这样的水坝之后。随着洪水的消失，湿地的承载力日益下降，无法养育在此栖息的大量水牛。所以现在可以看到，三角洲上许多过去通往平原的河道已经长满了植被，河道里几乎没有水，洪水断流是三角洲现在面临干涸的主要原因。水坝的建立还会毁灭人类在洪泛区的生存条件。过去两三年发一次洪水，人们就都离开洪泛区搬到高处去住，等洪水退了之后，再返回到洪泛区继续日常的生活。但是修建水坝后，这种日子一去不复返了。科学家们认为：每年的洪水泛滥不仅能使赞比西河下游的数十万人受益，而且还能在三角洲中恢复对许多濒危物种来说极为重要的栖息地，挽救岸边岌岌可危的红树林。

你知道吗

水库的建成，使原先的陆地变成了水域或湿地，于是当地的蒸发量增加，气温也会因此而改变。通常夏季水面温度低于陆地温度，水库水面上部大气层结构比较稳定，使降水量减少；冬季水面温度高于陆地温度，大气结构不稳定性增加，降水会有所增加。另一方面，上游库区雨量减少，又常使一定距离的外围区域降雨有所增加。

对水坝的这些危害，人们认为可采取以下措施来弥补：

①修建水坝应尽量避免造成大量的移民搬迁。

②修建鱼梯，以保护鱼类的洄游。

③加强公众参与性，让那些受到负面影响的人们首先成为这类项目的受益者。

④水坝按照每年的传统时间来放水以重建自然的季节性河流洪泛。

四　水电站

当今建造高大水坝的目的，大多是为了利用高坝形成的水位落差来发电，即用于建造水力发电站，简称水电站。

水电站是将水能转换为电能的综合工程设施。它由水工建筑物、厂房、水轮发电机组以及变电站和送电设备组成。

大坝只是水工建筑物之一，此外还有引水建筑物和泄水建筑物等水工建筑物。引水建筑物包括进水口、拦污栅、闸门等，以及组成输

水建筑物的渠道、隧洞、调压室、压力管道等。它们用于汇集、调节天然水流的流量，以便把所需的水力输向为发电所配置的水轮机组。泄水建筑物主要包括溢洪坝、溢流坝、泄水闸、泄洪隧道及底孔等。它们用于宣泄洪水、放空水库、冲砂、排水和排放漂水等。

厂房是安装水轮发电机组及其配套设备的场所。根据自然条件、机组容量和电站规模，可分为地面厂房、地下厂房和坝内厂房。

你知道吗

1831 年英国科学家法拉第发现，由导体构成的线圈在磁场中运动，线圈会产生感应电流。发电机就是根据这一原理制成。它的两个主要部件是用线圈构成的转子和构成磁场的定子。当水轮机带动转子在定子构成的磁场中旋转时，发电机便会发出电来了。

水轮机组一般安置在引水管道终端的地下厂房内。当它受到来自引水管道的水流冲击便会发生运转，并通过与发电机组连接的轴承，带动安置在地面厂房内的发电机组运转，使水能最终转化为电能。

水轮机的核心部件　它由许多焊接在转盘上带一定弧面的叶片构成。当流水向叶片弧面冲来时，弧面叶片受到水的压力，便会沿着转盘中轴发生旋转。其原理与小孩玩的风车是完全一样的。

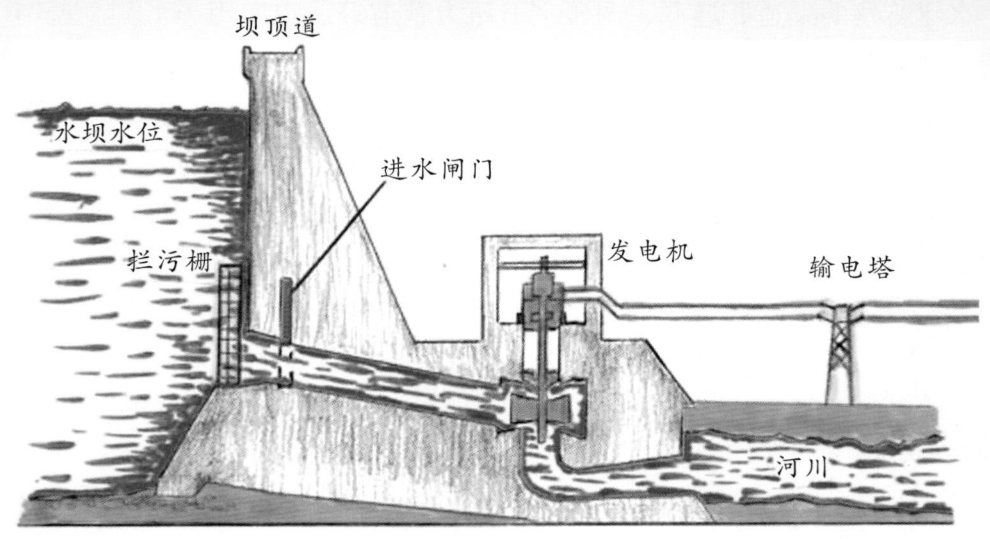

水电站设施示意图 被大坝蓄积的流水，在大坝高水位的压力下，携带巨大的水能，经拦污栅和进水闸门的调节，进入输水通道，直冲水轮机。水轮机在流水的冲击下发生运转，并带动发电机运转使其发电。发电机发出的电力，再经变压器后输入输电塔，便可并入电网。

发电机所输出的电能，还需再经过相应配置的变压器、开关站和输电线路等设施，方可输入电网，成为可供工农业生产和人们生活所需的电能。

水电站可按水库蓄水的调节能力不同，分为径流式水电站、日调节水电站、周调节水电站、年调节水电站和多年调节水电站。

径流式水电站没有调节水库，上游来多少水就发多少电。所以发电能力会随季节水量变化而变化，导致发电能力变化不定。

日调节水电站有水库蓄水，但库容较小，只能将一天的来水蓄存起来用在当天要求发电的时候。

周调节水电站是将周休日的来水积存起来，平均在本周的工作日使用。

年调节水电站的库容较大，可将一年的丰水期多余的水量贮存起来，在枯水期间使用。

多年调节水电站的库容更大，能把丰水年多余的水量积存起来在枯水年使用。年调节和多年调节水电站具有比较稳定的发电能力，在运行时同样可以进行日调节和周调节，能够充分利用水力资源。

有些水电站除发电所需的建筑物外，还常常同时设有为防洪、灌溉、航运、过木、过鱼等综合利用服务的其他建筑物。这些建筑物的综合体称水电站枢纽或水利枢纽。

第二节　水力发电的分类和特点

一　水力发电的分类

广义的水力发电是泛指所有利用水的动能来发电的技术与方法。它应该包含下面我们将会谈到的潮汐发电、波浪发电、海流发电等相关的技术与方法。但习惯上人们所说的水力发电是一种狭义的概念，它只指利用陆地上的径流——瀑布和河流的水力来发电的技术与方法。本节所述的水力发电，即指这种狭义的水力发电。

水力发电按水头汇集方式的不同，可分为坝式水力发电、引水式水力发电、混合式水力发电，径流式水力发电、梯级水力发电等。

1. 坝式水力发电

坝式水力发电，或称坝库式、堤坝式、蓄水式水力发电，是水电开发的基本方式之一。尤其大型水电站通常都采用这种方式。它利用建筑在河道上的挡水建筑物来壅高水位，汇集上游水头，进而利用其水头落差来发电。当水头不高且河道较宽时，若用厂房作为挡水建筑物的一部分，这时又称之为河床式水力发电，仍属于坝式水力发电的范畴。

加纳阿科松博水电站是一种坝式水力发电站。它被称为在加纳的“经济发展计划中最大的单项投资”。电站原装机容量为 91.2 万千瓦，建成后装机容量又扩大至 102 万千瓦。大坝的建成、水电的充足为加纳工业化经济发展奠定了基础，正是它造就了加纳成为西非最大经济国。

2. 引水式水力发电

引水式水力发电是水电开发的基本形式之一。这类水力发电的电站，宜建在河道坡度下降较大的河段或大河湾处。为此可在河段上游筑坝蓄水，然后通过引水渠道、隧洞、压力水管等将水引到河段下游，用以汇集水头来发电。这类水电站大多为高水头水电站。这类水力发电方式还可用于建造跨流域的水力发电站，也就是说人们可以通过人工建造的输水管道，把属于某个河道的流水引向不属于该河道的其他地方去发电。

你知道吗

引水式水电站

世界上已建成的引水式水电站，最大水头落差达 1767 米（奥地利赖瑟克山水电站）；引水道最长的达 39 千米（挪威考伯尔夫水电站）。中国已建成的引水式水电站，最大水头落差为 629 米（云南以礼河第三级盐水沟水电站）；引水隧洞最长的为 8601 米（四川渔子溪一级水电站）。

3. 混合式水力发电

混合式水力发电又称水库引水式水力发电。这类水力发电厂由挡水建筑物和引水系统共同来汇集用于发电的水头，并由水库来调节径流进行发电。这类水力发电方式主要用于河流的径流量因季节变化而有较大起伏的地区。

4. 径流式水力发电

此类水力发电，是在河道中拦河筑低坝或闸，基本不调节径流，靠天然径流来发电的水力发电方式。因此，当来水流量大于水轮机过水能力时，水电厂就会满出力运行，多余水量经泄水建筑物直接泄向下游，称为弃水；当来水流量小于水轮机过水能力时，则有部分发电机组容量未被利用。所以它的发电能力极不稳定，要靠天“吃饭”。一些利用瀑布直接发电的小水电站多采用这种方式。

5. 梯级水力发电

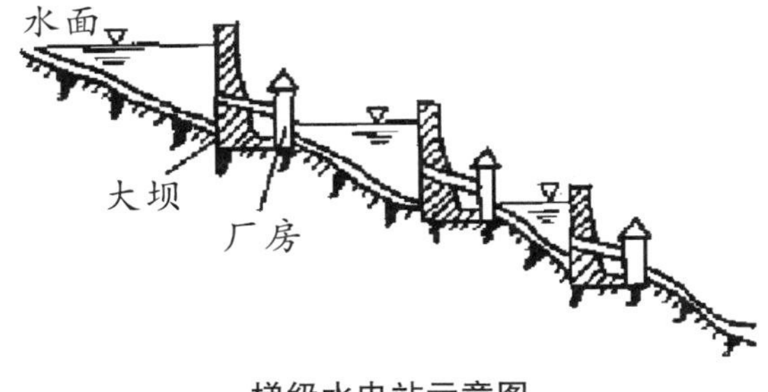

梯级水电站示意图

平班水电站 平班水电站是红水河十个梯级水电站之一。广西红水河是我国十二大水电基地之一，被誉为水力资源的“富矿”。从南盘江的天生桥到黔江的大藤峡，全长1050千米，总落差756.6米，可开发利用水能约13030兆瓦，规划建设10座梯级电站，从上到下依次为：天生桥一级、天生桥二级、平班、龙滩、岩滩、大化、百龙滩、乐滩、桥巩、大藤峡电站，其中装机容量在100万千瓦以上的有5座。

梯级水力发电是指分布在同一条河流上下游有水流联系的水电厂群，其各级水电厂可以是坝式、引水式或混合式水电厂等不同类型。这些不同类型的水电厂都有各自的优缺点，建设梯级水电厂就可以互相取长补短，从而提高资源利用率，协调水资源综合利用之间所产生的矛盾，缩短总工期，减少总投资等梯级效益。

6. 抽水蓄能发电

抽水蓄能发电是一种建有上下两座水库的水力发电方式。两水库之间用压力隧洞或压力水管相连接。当电力系统有剩余电力，处于负荷低谷时，可以利用多余出来的电力从下库抽水储存到上库；而在高峰负荷时，从上库放水至下库以提高发电能力的水力发电方式。所以抽水蓄能发电可用作电力系统的填谷调峰电源，若与火电、核电配合运行，可节省火电机组低出力运行时的高燃料消耗和机组起停时额外的燃料消耗，减少火电机组的起停次数；也可使核电机组平稳运行。

另外，抽水蓄能发电还具有起停灵活、增减工作出力快的优点。再有，这类电厂还可承担电力系统的负荷备用、事故备用等任务。

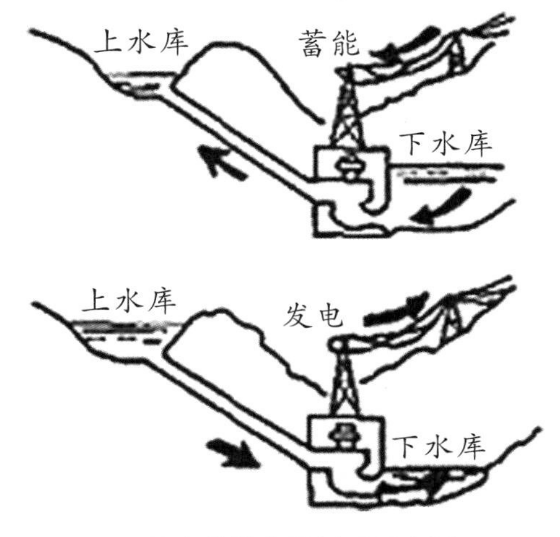

抽水蓄能电站原理示意图

二　水力发电的技术特点

利用河流水力发电是当今水能利用的最主要方式，从技术角度而言，它具有以下10个特点：

①水能是可再生能源。地球表面以海洋为主体的水体，在太阳能的作用下，蒸发成水汽升到高空，在风力推动下，部分水汽被吹向大陆，在适当条件下凝结成水滴降下，经地面汇集补给河川径流，然后汇入海洋。这是一个以太阳热能为动力的水循环，周而复始，永不停息。河川径流只是这一循环中的一个环节，所以水力发电的能源供应，只有丰水年和枯水年的差别，而不会出现能源枯竭问题。

②水力发电是清洁的电力生产，不会排放有害气体、烟尘和灰渣，更不会产生核辐射污染。

③水力发电的能量转换效率高。常规水电站水能的利用效率在80％左右，而火力发电厂只有30％～50％的热能转换为电能。

④水力发电承担着一次能源开发和二次能源转换的双重任务。建设水电站所需的投资和建设工期，与建设火电厂及其所需燃料的开

采、运输等工程的投资和建设工期差不多。

⑤水力发电的生产成本低廉。无需购买、运输和贮存燃料；所需运行人员较少、劳动生产率较高；管理和运行简便，运行可靠性较高，且上一级电站使用过的水流仍可为下一级电站所利用。另外，由于水电站的设备比较简单，其检修、维护费用也较同容量的火电厂低得多。如包括燃料消耗在内，火电厂的年运行费用约为同容量水电站的 10 倍至 15 倍。因此水力发电的成本较低，可以提供廉价的电能。

千岛湖鸟瞰 千岛湖即新安江水库，建于 20 世纪 50 年代。水库坝高 105 米，长 462 米，面积约 580 平方千米，比杭州西湖大 104 倍，蓄水量可达 178 亿立方米，比西湖大 3000 多倍。它位于浙江省杭州市西郊淳安县境内，是国务院首批公布的 44 处国家级风景区之一，也是目前国内最大的国家级森林公园。千岛湖因其山青、水秀、洞奇、石怪而被誉为“千岛碧水画中游”。湖中拥有形态各异的大小岛屿 1078 座，故有“千岛湖”之称。

⑥作为水力发电主要动力设备的水轮发电机组，不仅效率较高，而且启动、操作灵活。它可以在几分钟内从静止状态迅速启动投入运行；在几秒钟内完成增减负荷的任务，适应电力负荷变化的需要，而

且不会造成能源损失。因此，利用水电承担电力系统的调峰、调频、负荷备用和事故备用等任务，可以提高整个系统的经济效益。

⑦受河川天然径流丰枯变化的影响，无水库调节或水库调节能力较差的水电站，其可发电的电力在年内和年际间变化较大，与用户用电需要不相适应。因此，一般水电站需建设水库调节径流，以适应电力系统负荷的需要。现代电力系统一般采用水、火、核电站联合供电方式，既可弥补水力发电天然径流丰枯不均的缺点，又能充分利用丰水期水电电量，节省火电厂消耗的燃料。

⑧水电站的水库可以综合利用，承担防洪、灌溉、航运、城乡生活和工农业生产供水、养殖、旅游等任务。如安排得当，可以做到一库多用，一水多用，获得最好的综合经济效益和社会效益。

⑨建有较大水库的水电站，会淹没大片土地、村镇，以至于需进行移民，并改变了人们的生产生活条件；水库还会影响野生动植物的生存环境；再者水库对径流的调节，又改变了原有的水文情况，这对生态环境会有一定的不利影响。对于这些问题均需进行妥善处理。

⑩水力资源在地理上分布不均，建坝条件较好和水库淹没损失较少的大型水电站站址往往位于远离用电中心的偏僻地区，施工条件较困难，需要建设较长的输电线路，增加造价和输电成本。

三　水力发电的利与弊

水力发电具有十分明显的优势。上文中，我们提到水力发电的许多特点，就是它的优势的体现。

①首先它是一种可再生能源，只要气候环境不变，它就会周而复始地循环，永无枯竭之虑。

②它还是一种清洁的能源，既不会像火电那样产生有害环境的酸雨、废气、烟尘和灰渣，也不会像核电那样存在核污染的潜在威胁。

你知道吗

酸　雨

火电厂排放的烟尘中含有二氧化硫和氮氧化合物，是酸雨产生的主要原因。酸雨是环境恶化的重要因素，它会明显侵蚀建筑物，使其加快老化；会使土壤、湖泊、河流酸化，从而使一些植物凋零、枯萎和死亡；使鱼类的发育和繁殖受到影响；继而生态环境的改变，又会影响到陆地生物的生存。

③它的运营成本低、效率高。水力发电只是利用水流所携带的能量，无需再消耗其他动力资源。我国水电公司的运行成本一般是0.04元/千瓦时～0.09元/千瓦时；火电厂的运行成本是0.09元/千瓦时～0.20元/千瓦时；风力发电的成本为煤电的2～3倍，为0.45元/千瓦时～0.6元/千瓦时；核电站发电成本是0.6元/千瓦时～0.9元/千瓦时，由此可见水力发电成本是最低的。

水电站厂房内的水轮发电机组

④相比风力发电、太阳能发电、地热能发电及其他可再生能源发电，水力发电是目前最成熟的可再生能源发电技术。从最早1878年，英国发明家阿姆斯特朗勋爵在位于诺森伯兰郡的克拉格塞得家中首次利用水力发电来供电时算起，迄今已有一百多年的应用、发展历史，并历经多次的创新和改良。这使它已可以适应各种自然环境，利用各种大小的水力资源来实现发电。因此它已成为人们发展可再生能源的首选目标。

⑤水力发电不仅效率高，而且操作灵活。这是因为它的主要动力设备是水轮发电机组，不仅效率较高，而且启动或停机操作灵活，在几分钟内即可完成。所以在技术上，可以随时对它的发电量进行调控。这对电网的调度非常有利，可以提高整个系统的经济效益。

⑥利于发展小型电站。水力发电可充分利用水能（利用率通常在80%到90%），因此即使流量很小、落差不大的水流也能用于发电，所以特别有利于边远、经济落后地区的电力建设。事实上，通过多年来小水电的开发，全国1/2的地域、1/3的县市、3亿多农村人口用上了电。这为提高农村电气化水平、带动农村经济社会发展、改善农民生产生活条件、减少排放温室气体以及电力系统灾害应急等方面发挥了重要作用。

⑦有利于控制洪水。由于筑坝拦水形成了水面辽阔的人工湖泊，可以拦蓄洪水，及时调整河流水量，为防洪抗旱、引水灌溉作出贡献；它还使原本季节性的河流或狭窄的河道变成常年有水的宽阔河道，从而有利于航运；它还可用于发展渔业养殖。事实上，现在有些库区已经变成了重要的自然保护地区，在库区和周围地区为动植物提供了生机勃勃的生存环境，也为发展当地的旅游业提供了条件。总之，其综合经济效益十分可观。

正因为水力发电具有上述这些优势，2007年以来，在石油价格上涨和全球气候变化的影响下，当可再生能源的开发和利用日益受到国际社会的重视之时，许多国家在制定支持可再生能源发展的法规和政策时，都提出了明确的发展目标，其中水力发电已成为各国规划中优先被选择的对象。

北京十三陵水库 1958年6月30日建成，面积是颐和园昆明湖的20倍，总蓄水量为6000多万立方米，水库大坝总长627米，高29米。它不仅具有防洪、灌溉、渔业养殖和发电的功能，还为北京提供生活用水和发展旅游业。2008年北京奥运会，它还成为铁人三项专项比赛的地点。

不过，也应该指出，事物总是有两面性的。水力发电也不例外，尽管它有着上述诸多方面的优势，但也有一些值得注意的弊端。如：

①它可能对周围的生态环境带来不利的影响。如大坝以下会造成淤泥堆积，而原本在洪水泛滥期能不断得到淤泥补给的下游地区，则会因此而失去新的补给，致使肥沃的冲积土减少而逐渐贫瘠化。再如河流水流的变化所带来的生态环境的改变，会使原本适应早先环境的动植物因不适应新的环境而衰亡。建设大坝还可能影响鱼类的生活和繁衍，库区周围地下水位大大提高会对其边缘的果树、作物生长产生不良影响。大型水电站建设还可能影响流域的气候，导致干旱或洪水等。不过，这些负面影响是可预见的，并可以在采取适当的措施后，予以尽力减小。

②水力发电，特别是大型的水力发电，需要建设一系列与之相配套的大坝等水工建筑物，所以基建周期较长，基建投资也较大。

③巨大的水库会淹没良田和森林，以及文物古迹等文化设施，造成原有自然景观观赏价值的损失。有的还会淹没村镇等居民区，从而

新丰江水库大坝及发电站位于广东省河源市约6千米的新丰江下游的亚婆山峡谷。它建于1958年，是集灌溉、发电、防洪于一体的水工建筑，大坝高124米，长440米，水域面积为370平方千米，是杭州西湖的68倍，蓄水量约为139亿立方米。水电站的装机容量达302兆瓦，平均年发电量为9.9亿千瓦时。新丰江水库于1959年10月20日蓄水一个月后，开始出现地震活动，随着水位迅速上升，地震活动相应加强。当水位首次接近满库峰高达110.5米时，遂于1962年3月19日凌晨4时诱发6.1级地震。震源深度达5千米，震中在大坝附近1千米处。当时震声雷鸣，屋摇地动，强烈地震造成房屋倒塌1800余间，严重破坏10500间，损坏13400间，死伤85人。附属工程的水电厂厂房及高压变电站也遭受较严重的破坏，不能运营，但大坝则经受住了考验。

产生大量的移民，需支付巨额的移民安置费用等。

④一些大型水库的建设，还有可能诱发水库地震等地质灾害。如美国加利福尼亚州的澳洛维尔地区，本是历史上地震活动很低的地区，在方圆40千米的范围内，一百多年来从未发生过地震，但自1967年这里建成水库以后，就不断受到地震的侵扰。我国的新丰江

水库于1959年10月开始蓄水，1962年3月便遭到6.1级地震的袭击。另外，山区的水库由于两岸山体底部长期处于浸泡之中，使得山体滑坡、塌方和泥石流的发生频率有所加快。

⑤在国际河流上兴建的水库，等于重新分配了水资源，间接地影响了水库所在国家与下游国家的关系，因此有可能引起外交纠纷。

综上所述，水电建设虽有这些弊端，但它们大多是可以预见的，因此只要采取正确的预防措施，就有可能使这些弊端的危害减小到最低程度。

四　一个值得注意的动向

在上一节中我们谈到了水力发电的利与弊，虽然大多数人倾向于水力发电是利大于弊，而且已知的这些弊端大多是可以预见的，是可以通过人们的努力来使它的危害减小到最低程度，但也有另一些人持有完全相反的观点。他们忧心忡忡地认为水力发电并不是人们想象中的那种不会造成重大危害的清洁能源，相反地随着时间的推移，其产生的不良后果会日益凸现。更有些人则激进地要求拆除大坝，疏通水库。

他们指出：现在世界上的许多河流都变成了水库搭起来的台阶，河流的自然径流模式和正常的地质作用过程被彻底改变；它引起河水的化学和物理变化，并导致水质的恶化和毒化。它使大量的水在面积庞大的水库中被蒸发掉，导致水资源的严重损耗；被淹没的森林、土壤和其他有机物在分解过程中消耗水中的氧气，并放出二氧化碳和甲烷，从而产生温室效应。它给诸如钉螺、蚊子等疾病传播媒介的滋生创造了有利环境，从而导致血吸虫病、疟疾等疾病的高发和蔓延。还由于不断追加的巨额投资、相互矛盾的使用功能、高昂的综合代价等因素，使大坝的效益常常成为一个神话。

你知道吗

水库对水生生物会产生很大影响。因为水库淹没区和浸没区原有植被的死亡，以及土壤可溶盐都会增加水体中氮磷的含量，库区周围农田、森林和草原的营养物质随降雨径流进入水体，从而形成水体富营养化的有利条件。环境的改变就使一些适应这一环境的生物数量明显增加，而另一些不适应的生物则无法生存。此外，水库大坝的修建，会隔断某些逆流产卵的鱼类的洄游通道，影响这些鱼的繁殖。

他们还进一步指出：河流是有生命的，整个生态系统也都是有生命的。河流的生命体现在它那万古不涸的自由流淌。当人们仅仅为了自己的需要，并按照自己的意志，用无数大坝把河流束缚起来、囚禁起来时，河流就患病了；当我们吸干榨尽式地耗尽了每一滴河水资源，只留下一段段干涸的河床时，河流就死亡了。而这最终也威胁到了人类自己的生存。所以也完全可以说，没有河流的健康，也就没有人类社会的健康！

在他们的推动下，据说美国已经拆了465座大坝来恢复河流的原有的生态。1997年，在巴西的库里提巴还召开了第一次世界反水坝大会。其中拆坝的一个重要里程碑发生在2001年10月，那是美国威斯康星州的巴拉博河上的一系列水坝被拆除，115千米长的河流得以恢复本来面目。这是美国历史上使河水重新恢复自由流淌的最长的一段河流。威斯康星州草原河上的沃德佩柏水坝被拆除后，被囚禁了近一百年的草原河，终于又开始寻求它的天然流径了。当地居民打电话给水坝的所有者，热情洋溢地表达了他们看到河流的新景观以及环境恢复以后的欣喜。2001年，美国联邦法院裁决美国陆军工程师团在斯内克河上的4座水坝的运行违反了《净水条例》。波特兰地方法院责令美国陆军工程师团在60天内拿出方案来降低水库水温，保护河水质量，以免鲑鱼和硬头鳟鱼遭受威胁和危害。在执行这一裁决中，美国陆军工程师团将花费数百万美元改造水坝及保护华盛顿州东部的濒危鲑鱼。按照该工程师团考虑的方案：大坝附近的土工建筑物将被拆除，大坝不再使用，让华盛顿州东部225千米的斯内克河恢复自然流动状态。

一个在美国已被拆毁的水坝 在美国，拆坝运动已持续了几十年。但事实是：美国的反坝运动和建坝工程一直并存的历史已有近百年，而且在双方热烈的争论中，却完成了几万座水坝的建设。另外美国近些年所拆的几百座水坝，其实全部是废弃坝、病险坝和效益不佳的坝。汇总所有这些已拆、拟拆水电坝的总装机容量，大约仅占美国水电装机容量的1.5‰；以单座电站容量计，全部属于小水电站（中国标准：25000千瓦以下装机容量为小水电站）。

除美国以外，拆坝运动在世界上的其他许多国家也正此起彼伏。与美国毗邻的加拿大仅在不列颠哥伦比亚省就有超过2000座的水坝，其中大约有300座已失去原有的功能，或只有微小的效益，但却造成很大的环境生态问题。2000年2月28日，不列颠哥伦比亚省政府宣布拆除建成于1956年的希尔多西亚水坝，并和水坝的所有者达成一项恢复这条河流生机的协议。

当年苏联有个和北美调水工程相似的计划，准备从叶尼塞河、鄂比河调水到中亚地区，年调水量为1200亿立方米，最终5000亿立方

米，干渠长度为2200千米。干渠底宽100米，水深12米，需要220万千瓦时的电力才能将水位抬高。当时一些科学技术人员担心：从叶尼塞河、鄂比河调出这么多的水量，将减少流入北冰洋水量的8%，会引起海水倒灌，改变北冰洋水中的盐分组成和热量平衡，改变冰层的形成等问题。苏联的这个计划被称为20世纪的最大工程，但在苏联解体之后，这个计划也被放弃了。

在欧洲，对数以千计的兴建于20世纪50年代以前的水库，都要求对其执照进行重新审核。法国曾因大坝的影响，造成多尔多涅河、塞纳河等5条河流中鲑鱼的绝迹，现在已为恢复鲑鱼的栖息地、复苏渔业及解决严重的淤沙等问题而开始了拆坝行动。

在非洲，2001年10月，加纳政府宣布搁置伏尔塔河上的布尔水坝工程。因为该工程将会淹没部分国家公园的土地，破坏河马的栖息地，并影响数千人的生活。在乌干达的维多利亚尼罗河上，富有争议性的布扎加里水库被停工，拯救了世界著名的布扎加里瀑布。

在日本，2000年10月，新上任的长野县知事田中康夫，下令停建8处计划兴建中的水库，并于2001年2月发表“摆脱水库宣言”。2001年6月21日国土交通省发表了一份关于公共事业改革的文件，提出“冻结有关大型水库工程建设计划的新的勘测项目”。据2002年8月1日的《朝日新闻》报道，已面临计划终止的水库有92座。此外，政府对九州熊本县荒濑水库报废的决定，被称是对“河道水泥化政策”的一次突破。

在韩国，2000年6月5日，当时的总统金大中宣布，为了保护东江河域的生态系统和20种濒危的生物以及首次发现的7种动植物，政府决定取消江原道的永越水坝工程计划，并将把东江河域设计成一个“对自然友善的文化与观光区”，为当地居民开创新的工作与其他经济效益。

泰国的反水坝运动表现为一种很特殊的方式。不是立即拆除所有硬件，而是完全开放水闸，放弃水坝的设计功能，让河水和鱼儿自由流动，尽量恢复河流的自然环境。最典型的是1994年6月建成的帕

孟水坝，它位于泰国东部蒙河与湄公河的交汇地带，毗连老挝。该河域有四五十种独特的鱼类品种，并因其秀丽的自然风光吸引了不少游客。但从水坝建成后，这些鱼类已在帕孟一带消失，沿河居民的生活也受到了严重影响，被迫搬迁的村民也未得到应有的赔偿。村民连同环保组织和有关专家在 7 年间进行了各种活动，要求拆去水坝，终于使政府同意在 2001 年开放帕孟水坝的 8 道水闸。

反大坝人士指出：拆坝是人类对自然、对河流的一种忏悔。从建坝再到拆坝，人们因强迫河流进行了完全相反的调整和适应而付出了双倍的代价。然而这又是人类不得不迈出的一步，这不是历史的倒退，也不是要让人类重回到洪荒时代，这是人类在更高的层次上回归自然，重新去把握和适应人与自然应有的关系。

不过，我们还是要指出：拆坝运动目前并未在美国占据主流地位，这是明显的事实，更谈不上在世界范围内造成影响。一位百科全书撰稿人写道："在可见的未来，大量大坝被拆除或扒开的几率甚小。"拆坝运动组织编写的《拆坝的成功故事》中也写道："有一点非常清楚，对所有的坝，包括美国 75000 座水坝中的绝大多数来说，拆坝并不都是适合的。"

当然，美国拆坝活动的发展动向，会关系到全球建坝和反坝的力量平衡与消长，特别是会通过传媒影响到公众乃至政府的看法。所以，需要冷静观察。此外，反坝和拆坝者所讲述的一些道理，可以帮助决策者和执行者更注意在流域规划、枢纽设计、大坝施工、水库调度及电站运行等方面有侧重点地考虑生态和环保因素，加强水利水电项目的环境评估和环境保护研究。再者，拆坝的工程实践和生态后果对退役坝（如据我国水利部门官方统计，目前每年仅因溃决和废弃的自然毁坝就有约 80 座）的管理也能提供有益的借鉴。

总之，大坝是建还是拆，双方的争论至今尚未停息。尽管拆坝运动现今还未能占据主流地位，但作为一个新动向还是很值得人们注意的。

第三章
大水电站巡望

“煤油灯，遍身油腻的煤油灯，曾经照亮一段刻骨铭心的历史。豆点大的灯光，照亮我三十年前的记忆：寒夜坐在炕头的母亲，一针一针在煤油灯下，挑起了全家的衣食住行。一九七八年，改革的春风吹遍神州大地，山村飞来了电力雄鹰，一条条银线在大山里腾起，银色的琴弦奏响大山美好生活的旋律，一夜间山山峁峁与星空媲美。年轻的母亲们坐在如白昼的电灯下，脚踩缝纫机，缝补着一家生活的甜蜜。三十年沧桑巨变，三十年风风雨雨，而今，白发的母亲醉在幸福的夕阳里，醉在七彩霓虹灯柔和的光圈里，手握电子遥控器，童心在星光大道里徜徉，脸上盛开着山花，像满山的杜鹃在阳光明媚的春风里绽放。”

上文是王银林撰写的刊载在 2011 年 6 月 6 日的《陇南日报》的一首散文诗《电灯点亮的山村》。它反映了电能输入边远的穷山村后带来的生活巨变。

被电灯点亮的山村

电能的开发是许许多多山村摆脱贫困，改变面貌的决定性条件。水电则是山村电能开发的首选。专业人士指出：水电的开发，尤其是

小水电的开发是民族地区、贫困山区经济社会发展的希望，对解决农村能源，保护生态环境，发展地方经济，改善人民生活具有重大作用。这是因为小水电资源主要分布在边远山区、民族地区和革命老区。这些地区国土辽阔，人烟稀少，负荷分散，大电网难以覆盖，也不适宜大电网长距离输送供电。小水电具有分散开发、就地成网、就地供电、发电成本低、供电成本低的特点，是大电网天然的有益补充，具有不可替代的优势。其次，小水电是清洁的可再生能源，这已经得到国际上完全的肯定。开发小水电的同时，有助于我国改善生态环境，有利于人口、资源、环境的协调发展。再者，我国小水电资源点多面广，总量很大，占水电资源总量的23%，在电力结构调整中具有重要的地位。而小水电规模适中、投资少、工期短、见效快，有利于调动多方面的积极性，适合国家、地方、集体、企业、个人开发。正因为小水电具有如此多的优势，我国自20世纪80年代初以来制定了一系列政策，鼓励开发小水电，解决地区用电问题，并促进地区社会经济的发展。经过二十多年的建设，我国在小水电开发方面已经取得了巨大的成就。截至2008年年底，我国已建成5万千瓦及5万千瓦以下的小水电4.5万座，装机容量5127万千瓦，年发电量1628亿千瓦时，装机容量和发电量是1949年全国全部电力的30余倍。

然而小水电也有它本身固有的缺陷。首先是它规模小，发电量有限，无法满足稍具一定规模的工农业和城镇对电力的需求。其次，由于地区利益的驱使，小水电的建设难免陷入各自为政、不顾整体利益的局面，甚至出现互相抢夺水源现象，使水电站不能正常发挥效益。再次，小水电的建设往往缺乏全面、合理的设计，没有充分考虑对生态可能造成的影响。如据媒体报道，福建省第二大河流九龙江流域，因各乡村纷纷自建小水电，整个流域建设了超过1000座的小水电站，以致把流域切割成数百个不连续的、非自然的河段，使河流生态受到了严重的破坏。此外，小水电还存在管理混乱、效益低下、资源浪费等弊端。因此为了满足国民经济对电能的需要，充分有效和合理地利用河流水能，我们就需要建设大型的和超大型的水电站。

第一节　水电之最——三峡工程

一　长江三峡简介

“朝辞白帝彩云间，千里江陵一日还。两岸猿声啼不住，轻舟已过万重山。”唐代著名诗人李白的这首诗脍炙人口，它生动地描写了诗人乘舟飞渡三峡的心境。

大家知道，长江三峡是自古以来人们进川的咽喉要道。它西起重庆市的奉节县，东至湖北省的宜昌市，全长 192 千米。自西向东主要有三个大的峡谷地段，即瞿塘峡、巫峡和西陵峡，三峡因此而得名。其中自白帝城至黛溪称瞿塘峡；巫山至巴东官渡口称巫峡；秭归的香溪至南津关称西陵峡。三峡两岸山峰海拔 1000 到 1500 米，峭崖壁立，江面紧束，狭窄曲折，江中滩礁密布，水流汹涌湍急，最窄处是长江三峡的入口夔门，只有 100 米左右。水道曲折多险滩，舟行于峡中，有“石出疑无路，云升别有天”的境界。当年郭沫若先生在《蜀道奇》一诗中曾写道：“万山磅礴水泱漭，山环水抱争萦纡。时则岸山壁立如着斧，相间似欲两相扶。时则危崖屹立水中堵，港流阻塞路疑无。”这几句诗把峡区风光的雄奇秀逸描绘得淋漓尽致。我国古代有一部名叫《水经注》的地理名著，是北魏时郦道元写的，书中也有一段关于三峡的生动叙述：“自三峡七百里中，两岸连山，略无阙处。重岩叠嶂，隐天蔽日，自非亭午夜分，不见曦月，至于夏水襄陵，沿溯阻绝。或王命急宣，有时朝发白帝，暮到江陵，其间千二百里，虽

乘奔御风，不以疾也。春冬之时，则素湍绿潭，回清倒影。绝巘多生怪柏，悬泉瀑布，飞漱其间。清荣峻茂，良多趣味。每至晴初霜旦，林寒涧肃，常有高猿长啸，属引凄异，空谷传响，哀转久绝。故渔者歌曰：'巴东三峡巫峡长，猿鸣三声泪沾裳！'”

你知道吗

《水经注》是我国古代的地理名著，共40卷，记载大小水道1000多条，并详细记叙了这些水道所经的山陵、城邑、关津的地理情况、建置沿革和有关的历史事件、人物，甚至神话传说。对于我们了解古代相关地区的地理情况，具有极其重要的参考价值。

西陵峡　西陵峡西起秭归县香溪河口，东至宜昌市南津关，全长76千米，是长江三峡中最长的峡谷。因位于楚之西塞和夷陵（宜昌的古称）的西边，故叫西陵峡。自上而下，共分为4段：香溪宽谷、西陵峡上段宽谷、庙南宽谷、西陵峡下段峡谷。沿江有巴东、秭归、宜昌3座城市。

正因为三峡的险峻，所以古人视入川为畏途。诗仙李白就有一首诗《上三峡》描写了上三峡之难：“巫山夹青天，巴水流若兹。巴水

忽可尽，青天无到时。三朝上黄牛，三暮行太迟。三朝又三暮，不觉鬓成丝。”诗圣杜甫也写道：“三峡传何处，双崖壮此门。入天犹石色，穿水忽云根。猱玃须髯古，蛟龙窟宅尊。羲和冬驭近，愁畏日车翻。”可见三峡在古时人们的心目中是一个多么难以逾越的险途。事实上也正是这样，自古以来发生在三峡的船难真可说是不计其数。

你知道吗

峡谷是指江河从紧紧相邻的山峦中穿越所形成的狭长的谷地。它往往形成于趋于上升趋势的地方，且河流落差较大，水流冲击能力强，两侧岩石坚硬的山区。如位于重庆的瞿塘峡，长 8 千米，而最窄处只有 100 米。

下面我们再引几段历史上关于行船于三峡的记述，足以佐证三峡之险。

南宋乾道五年（1170 年）闰五月十八日，45 岁的诗人陆游携家带口离开家乡越州山阴（今浙江省绍兴市），历时 160 天，于十月二十七日抵达四川夔州（今重庆市奉节县）。途中记日记是他每日的必修课，而且记录甚详。此后，陆游便有了流传千古、脍炙人口的《入蜀记》。从《入蜀记》中我们知道，十月八日至二十七日，陆游是在三峡途中度过的。换言之，陆游的乘船上三峡之旅，耗时 20 天。20 天中，行船 15 天，停泊 5 天。那个时期，当然没有夜航，行船都是白天的事。每日行程，多则 23 千米，少则 5 千米，航速很慢。停泊的 5 天中，一次是因船舶事故被迫在新滩停泊 2 天，一次是在归州扎水 3 天。关于新滩事故，《入蜀记》写道：“十三日，舟上新滩，由南岸上。及十七八，船底为石所损，急遣人往拯之，仅不至沉。……新滩两岸，南曰官漕，北曰龙门。龙门水尤湍急，多暗石。官漕差可行，然亦多锐石，故为峡中最险处，非轻舟无一物，不可上下。”这段文字，让我们知道了宋代枯水期新滩的险恶。两天后，陆游不得已，只好放弃严重破损的木船，换船继续前行。

三峡中的急流险滩 三峡大坝建成前，三峡共有险滩139处。其中西陵峡中的“三滩”（泄滩、青滩、崆岭滩）是过去三峡中著名的三大险滩，船行其间，险象环生，舟毁人亡，时有所闻。三峡大坝建成后，这些险滩全被淹没，不再危害行船。

南宋淳熙四年（1177 年），与陆游同为“南宋四大家”的范成大，在当了几年四川制置使后，由成都乘船返乡。从五月二十九日至十月二十三日，耗时四月余，行程数千里，终于到了苏州。这次返乡之旅成就了范成大的不朽之作——《吴船录》。书中记录了他的三峡之旅。时值七月，正是洪汛期，下水行船，当然很快。他的三峡之旅，花了 13 天。扣去归州泊船等 9 天，实际航行 4 天。4 天中，日行多则 85 千米，少则 19 千米，这算是快的。那时，“千里江陵一日还”是实现不了的，那是心境，是梦想，是神话。快归快，但是，范成大走得不轻松。一进三峡，滟滪堆就给了他一个下马威。由于滟滪堆雄踞江心，泡漩很大，范成大坐在船上，胆战心惊。他写道：“摇橹者汗手死心，皆面无人色。盖天下至险之地，行路极危之时，旁观皆神惊，余已在舟中，一切付自然，不暇问。”这情景，就如坐上一架不太放心的小飞机，并自言自语道：“这小命就交给它了。”过巫峡，范成大写道：“巫峡，滩尤稠险，其危又过夔。”过东奔滩时，范成大又写道：“高浪大涡，巨扁掀舞，不当一槁叶。”不难想象当时三峡之险。

1883 年，一位西方人到三峡来了，他就是长江航运史上大名鼎鼎的英国人立德。这位川江现代航运的开拓者，于 3 月 18 日至 4 月 27 日，用了 21 天，完成了宜昌至重庆的航运考察。事后，他在英国出版了《扁舟过三峡》一书，以述其详。这期间，立德考察三峡用了

蓄水前的巫峡　巫峡自巫山县城东大宁河起，至巴东县官渡口止，全长 46 千米，有大峡之称。巫峡绮丽幽深，以俊秀著称天下。它峡长谷深，奇峰突兀，层峦叠嶂，云腾雾绕，江流曲折，百转千回，船行其间，宛若进入奇丽的画廊，充满诗情画意。“万峰磅礴一江通，锁钥荆襄气势雄”是对它真实的写照。峡江两岸，青山不断，群峰如屏，船行峡中，时而大山当前，石塞疑无路；忽又峰回路转，云开别有天，宛如一条迂回曲折的画廊。巫峡两岸群峰，各具特色。“放舟下巫峡，心在十二峰。”屏列于巫峡南北两岸的巫山十二峰极为壮观，而十二峰中又以神女峰最为峭立。古往今来的游人莫不被这里的迷人景色所陶醉。

7 天。这次三峡之旅，他乘的是中国木船“辰驳子”（又名“神婆子”），船长约 12 米，上水载重 2.5 吨，下水可载重 6 吨。当时，船上船员 8 人（舵手 1 人，水手 2 人，纤夫 4 人，厨工 1 人），包括立德在内的旅客 5 人。从《扁舟过三峡》中我们知道，时值春季，正是川江适航的中水期。他们一叶扁舟，轻装上行，帆桨篙纤，昼行夜泊，但也走得十分艰难，十分危险。拉纤过曳滩时，船遇到了危险，“船舵不起作用了，我们的船遇到下冲的急流，突然像箭一般向江心射去——纤夫们被拽倒，两人被拖过岩石，伤得很重。”结果，两位纤夫一死一重伤。

1906 年，日本广岛县立中学一位教师应四川总督锡良之请，赴成都任教，在华 3 年。回日本后，他出版了《横跨中国大陆——游蜀杂俎》一书。书中写到，10 月 19 日至 29 日，他作了一次三峡之旅，乘坐的照例是中国木船。虽是秋季，还是历经磨难，几次遇险。其中，在过新滩时他记道，由于水流险恶，木船上行举步维艰，“船老大开始叱咤船夫，可船只却被漩涡玩弄于掌心，眼见就要被巨浪卷走，船老大疯狂地鞭打爱子，竹竿因此化为尘埃”。船老大鞭打爱子、激励船夫的失常之举，几近疯狂，几近绝望。在过曳滩时他又记道：

“停泊这里的几百艘船只都在做准备工作。曳滩非常危险，有十分之二的船只逃脱不了颠覆的厄运。”

1933年，上海一家银行的职员李鸿球赴川公务。旅行途中，每日必记。从他的《三峡行旅鸿爪录》中，也见证了他的三峡之旅。那时，川江航行条件已有所改善，轮船通航已有20余年。水上事故虽有缓解，但仍时有发生。而且，川江当时是不能夜航的。“宜平”轮2月19日上午6点半离开宜昌，次日上午10点就到了奉节。三峡之旅费时1天半。书中，他记载了崆岭和新滩之险，崆岭“舟行不慎，辄遭覆没。中外轮船在此撞沉者已有6艘，帆船更不计其数”，新滩则是“雪浪翻滚，若万马奔吼”。

1945年，抗战胜利。开明书店租了两只木船，让员工家属由渝返沪。那是一次漫长的长江之旅，从当年的12月25日到次年的2月9日，竟走了47天。从叶圣陶的《东归江行日记》中我们知道，1946年1月8日至14日的三峡之旅，下水7天，走得还是那么艰难。7天里，叶圣陶他们走走停停，磕磕碰碰，一次触礁，一次断桨，两次修船，四次扎风。想想看，那是一次多么糟糕的旅行，难怪叶老终生难忘。

以上的片段记述，使我们清楚地看到，过三峡曾是一段多么艰险的旅途。

二　三峡开发设想的由来

自古以来长江水患就是炎黄子孙的心腹之患。大禹开峡疏水、神女临峡治洪的神话传说，寄托了世代华夏儿女期望长江安澜之梦想。然而真正提出利用三峡水能资源以富民强国的，却始于中国近代第一位伟大的政治家——孙中山。

1919年，孙中山先生在其著作《建国方略》的“实业计划”部分中提出：“此宜昌以上迄于江源一部分河流，两岸岩石束江，使窄且深，急流与滩石，沿流皆是。改良此上游一段，当以水闸堰其水，使舟得以溯流以行，而又可资其水力。”这显然是对三峡开发的最初设想。

孙中山先生的《建国方略》 1919 年，对于孙中山来说，是一段充满崎岖和挫折的时期。5 月 21 日，他因广州护法军政府完全被滇桂系军阀把持，愤而出走，途经汕头、台北，取道日本，最终于 6 月 26 日回到上海，开始了在上海法租界 1 年零 5 个月的蛰居生活。在这段赋闲岁月里，他撰写出了《建国方略——物质建设》这部架构中国现代化发展方向的纲领性巨作。在这部洋洋 10 余万字的建设计划中，孙中山为中国未来的工业发展设想了一个包罗万象的宏伟大纲：10 万英里的铁路和 100 万英里的公路，疏浚现有运河和开挖新的运河，一个规模庞大的治水和水土保持工程，开辟全新的北方、东方、南方三大商用港口，从这些港口出发的铁路将远抵西藏、新疆、蒙古和满洲。发展新的钢铁冶炼、矿业与企业，在中北部造林以及移民于东三省，屯垦新疆与西藏等。

瞿塘峡 西起奉节白帝城，东至巫山大溪镇，峡长 8 千米。瞿塘峡在长江三峡中最短、最窄，景色、气势最为雄奇壮观，文物古迹最为丰富。瞿塘峡以它那无与伦比的自然风光与历史文化构成最完美的结合，使古今中外游人为之倾倒。清代诗人张问陶曾感叹：“峡雨濛濛竟日闲，扁舟真落画图间。便将万管玲珑笔，难写瞿塘两岸山。”瞿塘天下雄，雄在山川。“白盐赤甲天下雄，拔地突兀摩苍穹。”那一座座傲然屹立的山峰，体现出庄重、博大、雄伟的气度，让人叹为观止。

在孙中山先生《建国方略》的指引下，1932 年，国民政府建设委员会派出勘测队在三峡进行了为期约两个月的勘查和测量，编写了《扬子江上游水力发电勘测报告》。报告首次提出了在葛洲坝、黄陵庙两处建坝的方案。

1944 年，美国垦务局设计总工程师、世界著名坝工专家萨凡奇到三峡实地勘察后，提出《扬子江三峡计划初步报告》，即轰动全球的“萨凡奇计划”。其坝址选在宜昌南津关上游约 2000 米处，最大坝高 225 米，水库正常蓄水位 200 米，水电厂装机总容量 1056 万千瓦，单机容量 11 万千瓦。设船闸通航，万吨级船队可达重庆，还可以拦蓄洪水。

1949 年新中国建立，国内政局稳定，百废待兴，于是三峡工程又被重新提上议事日程。

1954 年长江中下游发生特大洪水，这使中央决定开展长江流域规划，同时进行三峡工程的勘测、规划、设计、科研和经济调查工作。

1954 年 7 月，长江遇上百年罕见的全江型洪水。受灾总面积 5400 万亩，灾民 1888 万，损失 100 亿元以上，京广线 100 天不能正常通车。虽然到处是水，水却浑浊不堪，也没有干柴，人们吃饭与卫生不能得到保障，许多人虽没被洪水淹死，却被疫情夺去了生命，有近 3 万人因疫情而死。

1955 年到 1960 年，中苏专家联手在三峡进行了大量勘测、科研、设计工作，并提出了最高蓄水位 200 米、220 米、235 米的三种方案。1956 年夏天，毛泽东主席在第三次横渡长江后，写下了著名

诗篇《水调歌头·游泳》，向全国人民表明了兴建三峡工程的宏伟设想。诗中“更立西江石壁，截断巫山云雨，高峡出平湖”形象地描绘出兴建三峡工程后的恢宏远景。

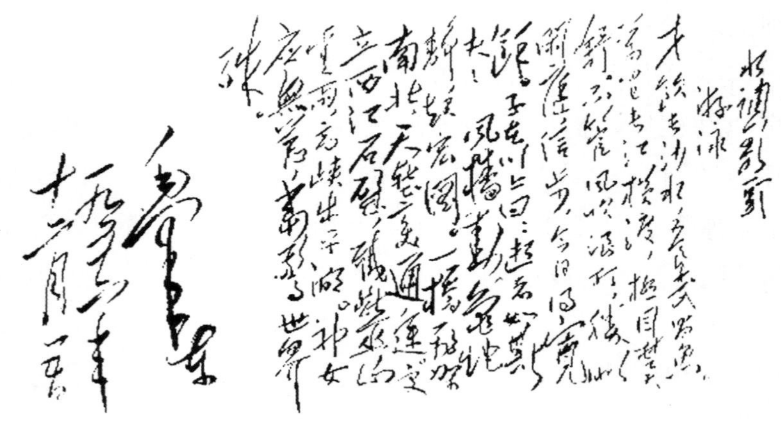

毛泽东《水调歌头·游泳》

才饮长沙水，又食武昌鱼。万里长江横渡，极目楚天舒。不管风吹浪打，胜似闲庭信步，今日得宽余，子在川上曰：逝者如斯夫！

风樯（qiáng）动，龟蛇静，起宏图。一桥飞架南北，天堑变通途。更立西江石壁，截断巫山云雨，高峡出平湖，神女应无恙，当惊世界殊。

1957 年 12 月 3 日，周恩来总理为全国电力会议题词，“为充分利用中国五亿四千万千瓦水力资源和建设长江三峡水利枢纽的远大目标而奋斗”，再次表明了政府的决心。

1958 年 1 月，中共中央召开南宁会议。毛泽东主席认真听取了林一山和李锐关于三峡工程的不同意见，提出对三峡工程应采取“积极准备，充分可靠”的方针，并委托周恩来总理亲自抓长江流域规划和三峡工程。同年 3 月，中共中央召开成都会议，在听取周恩来总理的报告后，通过了《中共中央关于三峡水利枢纽和长江流域规划的意见》。同年 6 月，长江三峡水利枢纽第一次科研会议在武汉召开，82 个相关单位的 268 人参加了会议，会后向中央报送了《关于三峡水利枢纽科学技术研究会议的报告》。8 月，周恩来总理主持了北戴河的长江三峡会议，要求 1958 年底完成三峡初设要点报告。

1959 年 5 月，在武昌对《三峡初设要点报告》进行了为期 10 天

的讨论，一致通过选用三斗坪坝址，大坝按正常蓄水位 200 米设计。于是三峡工程开始了快马加鞭的前期准备。

1960 年 5 月，国家主席刘少奇在三斗坪考察了三峡工程坝址地质结构。

刘少奇在三峡三斗坪考察 三斗坪位于中国湖北省宜昌市西，长江西陵峡中部南岸，黄牛岩北麓，邻秭归县境。传昔有人以三斗米开店得名。1985 年置镇。镇区沿江分布，面积 1 平方千米。附近为中国著名柑橘产区，“黄陵无核甜橙”“宜红橙”为中国优良品种。镇东有古迹黄陵庙。抗日战争时期，许多国共要人及社会名流曾在这里逗留，并在镇下游的石牌一带打过号称“东方斯大林格勒保卫战”的鄂西保卫战。现为三峡大坝的坝址。

1970 年，中央决定先建作为三峡总体工程一部分的葛洲坝工程，一方面为三峡工程作准备，一方面解决华中用电供应问题。毛泽东主席作了亲笔批示：“赞成兴建此坝。”同年 12 月 30 日，葛洲坝工程开工。

1980 年 7 月，中共中央副主席、国务院副总理邓小平从重庆乘船东下，途中视察了三峡坝址、葛洲坝工地和荆江大堤，听取了关于三峡工程的汇报。

1981 年 1 月 4 日，葛洲坝大江截流胜利合拢。

1982 年 11 月 24 日，邓小平听取国家计委汇报。当听到未来 20 年工农业发展而电力紧缺需要建设三峡工程时，邓小平说："我赞成中坝方案。看准了就下决心，不要动摇。"

1984 年 4 月，国务院批准了由长江流域规划办公室组织编制的《三峡水利枢纽可行性研究报告》，初步研究三峡工程实施蓄水位为 150 米的低坝方案。同年底，重庆市对三峡工程实施低坝方案提出异议，认为这一方案的回水末端仅止于涪陵、忠县间 180 千米的河段内，重庆以下较长一段川江航道得不到改善，万吨级船只仍不能直抵重庆。

1985 年 1 月 19 日，邓小平同志在参加建设广东大亚湾核电站有关合同签字仪式后，会见时任国务院副总理的李鹏同志，在听完关于三峡工程的情况汇报后，再次对大坝方案、开发性移民和把四川省分为两个省作出了重要指示。

1986 年 6 月，中央和国务院决定进一步扩大论证，责成水利部重新提出三峡工程可行性报告，以钱正英为组长的三峡工程论证领导小组成立了 14 个专家组，进行了长达两年八个月的论证。

1989 年 7 月 24 日，中共中央总书记江泽民上任不久，就来到湖北宜昌，考察三峡大坝坝址中堡岛。同年，长江流域规划办公室重新编制了《长江三峡水利枢纽可行性研究报告》，认为建比不建好，早建比晚建有利。报告推荐的建设方案是"一级开发，一次建成，分期蓄水，连续移民"，三峡工程的实施方案确定坝顶高程为 185 米，正常蓄水位为 175 米。

1990 年 7 月，以邹家华为主任的国务院三峡工程审查委员会成立。翌年 8 月，委员会通过了可行性研究报告，报请国务院审批，并提请七届全国人大会议审议。

1994 年，时任副总理的朱镕基在三峡进行考察

1992 年 4 月 3 日，七届全国人大第五次会议以 1767 票赞成、177 票反对、644 票弃权通过《关于兴建长江三峡工程的决议》。决议决定将兴建三峡工程列入国民经济和社会发展十年规划，由国务院根据国民经济发展的实际情况和国家财力、物力的情况，选择适当时机组织实施。

1993 年 4 月 3 日，国务院三峡工程建设委员会第一次会议在中南海举行。国务院总理、三峡工程建设委员会主任李鹏主持会议。同年 9 月 26 日，江泽民总书记为三峡工程题词："发扬艰苦创业精神，建好宏伟工程"。

1994 年 10 月 16 日，江泽民总书记考察三峡工地，再次为三峡建设者题词："向参加三峡工程的广大建设者致敬!" 11 月 2 日，中共中央政治局常委、国务院副总理朱镕基视察了三峡工程。12 月，在乘船赴三峡工地参加开工典礼的途中，李鹏总理写下了歌颂三峡工程的《大江曲》，歌颂三峡工程"功在当代利在千秋"。12 月 14 日 10 时 40 分，中国政府向全世界宣告：三峡工程正式开工!

综上所述，我们可以看到，三峡工程从孙中山先生1919年的最初提议，到正式开始实施，前后历经了75年的时间。这是人们对其进行了多年反复勘察、研究和设计的结果，反映出人们对这一宏伟工程所持的慎重态度。

三　三峡工程简述

三峡工程全称为长江三峡水利枢纽工程。整个工程包括一座混凝土重力式大坝、泄水闸、一座堤后式水电站、一座永久性通航船闸和一架升船机。三峡工程建筑由大坝、水电站厂房和通航建筑物三大部分组成。

三峡大坝位于西陵峡中段的湖北省宜昌市境内的三斗坪，横跨河床中部，即原主河槽部位。坝顶总长3035米，坝顶高程185米，最大坝高181米。坝底最宽129.5米，坝顶总宽40米。其中泄洪坝段布置在长江河床中部，总长483米，分为23个坝段。泄洪坝段设有3层67个泄洪孔，其中表孔22个，深孔23个，导流底孔22个；深孔布置在每个泄洪坝段的中间，孔径为7米×9米；表孔则跨缝布置在两个坝段之间，孔宽8米。为满足三期工程在导流、截流及围堰拦水发电期间度汛泄洪的需要，在表孔的正下方设有22个导流底孔。导流底孔在完成任务后被封闭，而表孔和深孔则为永久性泄洪设备，其总体最大泄洪能力达102500立方米/秒。

三峡大坝是一座混凝土重力大坝。前面我们已经说过大坝按其形制可分为重力坝、拱坝和土石坝三种类型。重力坝是用混凝土或浆砌石修筑的大体积挡水建筑，它依靠自身重量在地基上产生的摩擦力和坝与地基之间的凝聚力，来抵抗坝上游汹涌而来的流水的推力，以保持稳定。一般按其建造材料可分为混凝土重力坝和浆砌石重力坝；按高度则可分为低坝（30米以下）、中坝（30～70米）和高坝（70米以上）。三峡大坝属于混凝土重力坝中的高坝。

三峡电站的机组布置在大坝的后侧，所以叫做堤后式水电站。它共安装32台70万千瓦水轮发电机组，其中左岸14台、右岸12台、

三峡大坝鸟瞰 三峡大坝作为一种重力坝，其结构的牢固程度在世界上可说是首屈一指的。因为重力坝的坝基需要与河床和两岸地质结构紧固在一起，形成浑然一体的结构，想要撼动这样的巨型钢筋混凝土实心结构，不仅百年一遇的汹涌洪水无法将其冲垮，就是普通炸药也不能够撼动它。

地下 6 台，另外还有 2 台 5 万千瓦的电源机组，总装机容量 1820 万千瓦，远远超过曾经号称世界第一的巴西伊泰普水电站。机组设备主要由德国伏伊特（VOITH）公司、美国通用电气（GE）公司、德国西门子（SIEMENS）公司组成的 VGS 联营体和法国阿尔斯通（ALSTOM）公司、瑞士 ABB 公司组成的 ALSTOM 联营体提供。他们在签订供货协议时，都已承诺将相关技术无偿转让给中国国内的电机制造企业。三峡水电站的输变电系统由中国国家电网公司负责建设和管理，共安装 15 回 500 千伏高压输电线路连接至各区域电网。

你知道吗

电力输电中，一条架空线的杆塔上只供出一个回路，就叫一路单回；如果这条线路杆塔上挂有两个回路，同时可向两个用户供电，就是一路双回；如果说这条线路的杆塔上架设有三回路及以上（如四回路），可向三个以上地点供电，这就是一路多回。15 回就是可向 15 个不同地区供电。

三峡电站厂房内景及其水轮发电机组 三峡电站共有单机70万千瓦的水轮发电机组32台，总装机量1820万千瓦，年发电846.8亿千瓦时，相当于6个半葛洲坝电站和10个大亚湾核电站，每年可为全国人均供电70千瓦时。电站的单机容量、总装机容量、年发电量都堪称世界第一。与火电相比，三峡电站还等于省了10个500万吨的大型煤矿，如果算上运输专用线、电厂、供水、污染处理、煤渣运输等投资费用，效益更为可观。与此同时，三峡电站建成后每年减少5000万吨煤炭运量，大大减轻煤对交通运输的压力。

永久性通航船闸和一架升船机是为船只顺利通过大坝而设置的。三峡大坝坝前正常蓄水位为175米，而坝下通航最低水位为62米，上下落差达113米，也就是说船舶要通过大坝，就必须翻越约40层楼房的高度。对于这样的高度，不要说普通小船，就是万吨巨轮，如果没有类似大楼电梯那样的装置，显然是无法完成的。为此三峡大坝建有永久性通航船闸和一架升船机。它采用双线五级船闸，其主要建

筑物包括地表的闸首、闸室，上、下游引航道，山体排水系统，也包括输水廊道、竖井等复杂的地下输水系统。所谓五级船闸就是设有五个水位不同的梯级闸室，它们各长 280 米、宽 34 米；每一级的水位落差为 22～23 米。当船只上行要通过大坝时，打开第一级闸室的闸门，让船经引航道驶入闸室，此时入口的闸门立即关闭，输水廊道将向闸室注水，使闸室的水位逐渐抬高，船只也跟着抬升。当闸室的水位抬高到与相邻的第二级闸室的水位持平时，便开放第二级闸室的闸门，让船只驶入第二级闸室。依次进行，船只便可顺利通过大坝，进入库区。若是船只下行，则反向操作即可。根据设计，船闸每次可通过由三条 3000 吨级的驳船和一个机动拖船组成的万吨级船队，每次通过五级船闸的时间为 2 小时 40 分钟。南北两线船闸可同时或单独运行，在改进后的船舶组合条件下，每年的单向通过能力为 5000 万吨。三峡船闸是世界上最大的船闸。

正在通过船闸的船只 三峡船闸全长 6.4 千米，其中船闸主体部分 1.6 千米，引航道 4.8 千米。船闸的水位落差之大（113 米），堪称世界之最，已入选中国世界纪录协会水位落差最大的船闸世界纪录。此前，世界水位落差最大的船闸其水位落差也只有 68 米。

这里我们要补充说一说葛洲坝。许多人常常把葛洲坝与三峡工程混为一谈。其实葛洲坝只是三峡工程的一个前期准备工程，它不属于三峡的三大枢纽工程，其坝址位于长江三峡出口南津关下游2.3千米处，离上游的三峡大坝约38千米，实际上可视为是三峡电站的梯级电站。它除了同样具有发电、航运等综合效益外，主要任务是担负三峡水电站的反调节，以解决三峡电站不稳定水流对其下游航道及宜昌港所产生的不利影响；同时，抬高水位，淹没三峡大坝下游至南津关河段的险滩，降低这一河段的水流流速，改善水流流态，加大航道尺度，以改善这段峡谷河道的航行条件。在三峡工程建成前，葛洲坝利用三峡峡谷河段的落差发电，同时可改善它上游100多千米航道的航行条件。从规模和效益指标上看，葛洲坝工程基本可视为三峡工程的缩影，其坝顶高程70米，正常蓄水位66米，水库总库容15.8亿立方米，水电站装机总量271.5万千瓦，年发电量157亿千瓦时。

葛洲坝俯瞰 葛洲坝位于三峡末端宜昌市西北部长江的干流上，距离宜昌市中心不到3千米，距离其上游的三峡水利枢纽约38千米，因大坝穿过名为葛洲坝的江心小岛而得名，是我国在长江上自行研究、设计、建设的第一座大型水利枢纽工程。它始建于1970年，于1988年年底两期工程全部完工，直到三峡水利枢纽工程开工前，仍是长江上最大的水电工程。

四　三峡工程之最

三峡工程规模宏大，是世人改天换地的皇皇巨著。它震古而烁今，光前而裕后。人们还指出，在当今世上它具有以下 10 个世界之最：

第一，它是当今世界上最大的水利枢纽工程，它的许多指标都突破了我国和世界水利工程的纪录。它的电站是迄今世界上最大的电站，总装机容量 1820 万千瓦，年发电 846.8 亿千瓦时。它的泄洪闸是世界上泄洪能力最大的泄洪闸，泄洪能力为 10 万立方米/秒。它的升船机也是世界上规模最大、难度最大的升船机。1994 年 6 月，由美国发展理事会（WDC）主持，在西班牙第二大城市巴塞罗那召开的全球超级工程会议上，它被列为全球超级工程之一。放眼世界，从大海深处到茫茫太空，人类征服自然、改造自然的壮举中有许多规模宏大、技术高超的工程杰作，三峡工程在工程规模、科学技术和综合利用效益等许多方面都位于世界级工程的前列。它不仅将为我国带来巨大的经济效益，还将为世界水利水电技术和有关科技的发展作出贡献。

你知道吗

1994 年被评为全球超级工程的除三峡外，还有美俄核废料处置计划、互联网、环球大公路网、香港集装箱港口、美国航空航天局的登月计划、中国的能源现代化计划、英特尔公司 10 亿美元芯片生产设施、沙特阿拉伯海水淡化工厂、法国高速火车计划、马来西亚双塔等，共 18 项。

第二，三峡工程的工程量也创造了另一项世界之最。它的主体建筑物土石方挖填量约 1.34 亿立方米，混凝土浇筑量 2794 万立方米，钢材 59.3 万吨（金属结构安装占 28.08 万吨），工程量之大，目前世界上还无出其右。三峡工程深水围堰最大水深 60 米，土石方月填筑量 170 万立方米，混凝土月灌筑量 45 万立方米，碾压混凝土最大月浇筑量 38 万立方米，月工程总量也都突破了世界纪录。

第三，三峡工程的金属结构安装堪称世界第一。其金属结构总量包括各类闸门 386 扇，各种启闭机 139 台，引水压力钢管 26 条，总工程量 28.08 万吨。其综合工程量为世界已建和在建工程之首。单项金属结构中，引水钢管的内径为 12.4 米，永久船闸“人”字工作门挡高 37.75 米，门高 39.75 米，运转时最大淹没水深 17～35 米，均属世界之最。

第四，三峡工程是世界上历时最长的水利工程。它从当年孙中山先生首倡，历经几代人的勘察、研究、设计，到正式开工历时 75 年，其历时之长堪称第一。所以它也是一个经过人们多次勘察、详细研究、积累了浩瀚的基本资料和研究成果之后，又经反复论证、充分酝酿，才付诸实施的世界上前期准备工作最为充分的水利工程。

第五，三峡水库是世界上防洪效益最为显著的水利工程。三峡水库总库容 393 亿立方米，防洪库容 221.5 亿立方米，水库调洪可消减洪峰流量达每秒 2.7 万～3.3 万立方米；其防洪效益之大，在世界水利工程中稳居第一。

第六，三峡大坝的过坝船闸，采用双线五级梯级船闸，是世界总水头最高（113 米）、级数最多（五级）的内河船闸。其单级闸室有效尺寸（长 280 米，宽 34 米，坝上水深 5 米）及过船吨位（万吨级船队），属世界已建船闸中最高等级的内河船闸。船闸最大工作水头为 49.5 米，最大充泄水量 26 万立方米，边坡开挖最大高度 170 米，均属世界最高水平。另外，单线一级垂直升船机承船厢有效尺寸为 120 米×18 米×3.5 米，总重 11800 吨，最大提升高度 113 米，过船吨位 3000 吨，水位变幅上游 30 米、下游 12 米等指标均超世界水平。所以三峡升船机属世界规模最大、难度最大的升船机。

第七，三峡水库是世界上航运效益最为显著的水利工程。三峡水

从上空俯瞰三峡的五级船闸

库回水可改善川江 650 千米的航道，使宜渝船队吨位由原来的 3000 吨级提高到万吨级，年单向通过能力由 1000 万吨增加到 5000 万吨；宜昌以下长江枯水季航深通过水库调节也有所增加，航运效益之大远胜于其他水利工程。

第八，三峡工程是世界水利工程施工期流量最大的工程。三峡工

程截流流量为9010立方米/秒，施工导流最大洪峰流量为79000立方米/秒，在世界水利工程施工期具有如此巨大流量的工程，还找不出第二个。毫无疑问，这样巨大的洪峰流量给施工带来的困难是可想而知的。所以说它也是水利施工强度最大的工程。

第九，三峡水利枢纽大坝为混凝土重力坝，挡水前沿总长为2345米，最大坝高181米，坝体总混凝土量为1486万立方米，其大坝总方量雄居世界第一。

第十，三峡库区淹没陆地面积632平方千米。据1992年调查，淹没线以下有耕地2.45万公顷，居住人口84.41万人，规划最终搬迁安置的人口达113万人。因此，三峡水库移民搬迁和安置的规模和难度均属世界之最。

其实，上述十个世界之最只是三峡一百多项世界之最的一个缩影。如果细细梳理，其科技成果足足创造有100多项世界之最，获得国家科技奖励14项，省部级科技进步奖200多项，获得专利数百项。只不过这些值得人们引以为傲的工程奇迹，比起上述十个世界之最来说，影响相对较小，这里我们就不再一一赘述了。

五　三峡工程的十大效益

前面我们已经指出，三峡工程是中国也是世界上最大的水利枢纽工程，是治理和开发长江的关键性骨干工程。三峡工程水库正常蓄水位175米，总库容393亿立方米；水库全长600余千米，平均宽度1.1千米；水库面积1084平方千米（几乎相当于半个太湖，或165个西湖的面积）。它具有防洪、发电、航运、调水等十大综合效益。

第一，防洪。这是兴建三峡工程的首要目标。长江中下游平原是我国工农业精华地区，但地面普遍低于洪水位6～17米，全靠总长33000多千米的堤坝保护。长江历代的洪灾频繁到约10年一次，每秒最大洪水量可达110000立方米，而荆江至武汉段的每秒行洪能力只有60000～70000立方米，所以若遇大洪水必定成灾。三峡建坝后，能控制百年一遇洪水，确保中下游安全。即使遭遇千年一遇洪水，配

合分洪区分洪，也可避免发生毁坝的危险。历史将证明：长江三峡工程，是直接确保中下游防洪体系内近 2300 万亩耕地和 1500 万人民的生命财产及京广、京九铁路“大动脉”安全的守护神，并可为洞庭湖区的治理创造条件。

画家笔下的三峡工程全景

第二，发电。利用三峡蕴藏的巨大水能，本是三峡工程设想的初衷。根据设计，三峡水电站的总装机容量为 1820 万千瓦，年平均发电量为 846.8 亿千瓦时。相对于位于浙江北仑的我国目前最大的火力发电厂的总装机容量 500 万千瓦来说，3 倍有余。比目前世界上最大的核能电站——美国勃朗兹费里电站的 346 万千瓦也要大近 6 倍。若与位于巴西与乌拉圭交界的，曾号称世界最大水电站伊泰普电站的 1400 万千瓦相比，也是它的一倍多。若把它的梯级电站葛洲坝也计算在内，则年均总发电量达 1004 亿千瓦时。若按每千瓦时电价 0.1 元计算，则年度创现值 105 亿元；若每千瓦时电为工农业创产值 5 元，则每年可为国家增创产值 5250 亿元；若人均年创产值 1 万元，则可安置 525 万人就业。三峡水电站地处我国腹地，至全国各大负荷中心的输电距离均约在 1000 千米内，是全国各大电网的联网中心。

电网联网后，既可与全国的火、水、核电互补，又能大大提高电网运行质量和效益。因此，三峡水电站必将是我国的电力“神经”中枢——电力调度中心！

浙江北仑发电站 依托北仑港建设的北仑发电厂，是中国第一家利用世界银行贷款建设的火电厂，也是国家“七五”“八五”“九五”重点工程，建设了7台火力发电机组，总装机容量500万千瓦，主要设备通过国际竞争性招标采购，达到国际先进水平。它的成功建设是中国电力工业改革开放取得的丰硕成果。为我国华东地区和浙江省经济的持续发展发挥了重要作用。

第三，航运。在前面一节中我们已经谈到，三峡航运曾被人们视为畏途。它的急流险滩不仅一些大的船舶难以通航，就是一些小的帆船、木舟也常常遭受触礁倾覆的命运，以致古时人们有“蜀道之难难于上青天”之说，近代虽经多方疏通，航运有了很大改善，但也仅能通行一些中小型的船舶，大多在千吨级以下，年单向航运能力不足1000万吨。三峡水库建成后，显著改善了宜昌至重庆660千米的长江航道，万吨级船队可直达重庆港。航道单向年通过能力可提高到

5000万吨，运输成本可降低35%～37%。经水库调节，宜昌下游枯水季最小流量可从原来的3000立方米/秒，提高到5000立方米/秒以上，使长江中下游枯水季航运条件也有较大的改善，从而使原本的危路险途，转化成为横贯中华东、西大地的黄金水道。这对发展和繁荣长江两岸至沿海地区经济，起到如虎添翼的作用。

第四，调水。这也是三峡工程的一项重要功能。庞大的三峡水库不仅能拦蓄洪水，使其不再产生危害，还可以利用它蓄积的大量库水，为下游对水源的需要进行合理的调节。如经过调节，可使下游枯水季流量提高了将近一倍。如2011年4月以来长江中下游地区发生大面积的干旱，且持续时间较长，许多地方甚至出现了人们饮用水都有困难的现象。根据具体情况，三峡水库积极开闸放水，到6月中旬已累计向中下游补水超过170亿立方米，对缓解旱情发挥了重要作用。更重要的是三峡工程还为南水北调工程作出积极的贡献。大家知道华北水荒已危害多年，北京在20世纪70年代就发生多次水危机，1981年因缺水而电厂停工，使工业损失近20亿元。为缓解日益加剧的水危机，只好改由以灌溉为主的官厅水库和密云水库为北城区供水。2000年后，平顶山、郑州、焦作、邯郸、石家庄、保定、北京等市，年度缺水近400亿立方米，而南水北调中线方案的调水源丹江口大坝加高近175米后，也只能调水230亿立方米，难以满足上述城市缺水的需要。其出路何在？人们认为出路就在长江三峡。三峡建坝后，利用每天零点至凌晨外送电负荷锐减的特点，从回水区支流的兴山县香溪河，将三峡水库之水位再提升数十米，穿越神农架，引至丹江口水库，便可汇入南水北调中线方案的总干渠，流经河南、河北直至北京的玉渊潭，即可解决沿途各市及首都北京（乃至天津）的水荒之危。因此，兴建长江三峡工程不仅能解我国北方水荒之危，还能缓解在北煤南运中争交通、挤投资、占耕地、恶化生态、污染环境等诸多问题，具有十分重要的现实意义和深远的历史意义。

你知道吗

南水北调是缓解中国北方水资源严重短缺局面的重大战略工程。它设有东线、中线、西线三条调水线。西线在地形最高一级的青藏高原上，可以控制整个西北和华北的用水，能为黄河上、中游的西北地区和华北部分地区补水；中线工程从长江支流汉江中上游丹江口水库引水，可自流供水给黄淮海平原大部分地区；东线工程因地势低需抽水北送。

丹江口水库 位于汉江上游的丹江口水库是南水北调中线工程的取水地，然后沿唐白河流域和黄淮海流域平原西部边缘开挖渠道，至郑州以西穿过黄河，沿京广铁路西侧北上，基本自流到北京、天津。输水干线全长1427千米，供水范围包括京、津、冀、豫四省市。按照计划，中线工程须于2014年前完工，2014年汛期后通水，近期年调水量95亿立方米，后期年调水量120亿～130亿立方米。

第五，养殖。三峡建坝后，库区形成了1150平方千米的水面。除航道外，仍有近700平方千米的水面，流速变缓、水质变清变肥、表水层转暖，是虾、贝、鱼、鹅、鸭、鳖等庞大的淡水水产养殖基地。因此，三峡水库形成后，成为推动库区两岸农、林、牧、渔、工、商、科、旅、贸等全面迅速发展的强大动力。

第六，旅游。三峡建坝后，坝前水位抬高110米。回水壅至海拔高1000余米的山脉的瞿塘峡和巫峡江段，水位仅分别抬高38～46米。除屈原祠、张飞庙和少数石刻需上迁外，其他各景点的雄姿依旧。随着水陆交通条件的改善，沿线大足石刻、高岚、小三峡、神农架、溶洞群、神农溪、格子河石林等千姿百态的仙境画廊，再加两座现代奇观——葛洲坝和三峡大坝，布满宜昌至重庆沿江两岸的仙境画廊与现代科技奇葩交相辉映，使五湖四海的旅游宾客陶醉。

坛子岭景区 坛子岭景区是国家首批AAAA级景区，也是三峡坝区最早开发的景区，于1997年正式开始接待中外游客，因其顶端观景台形似一个倒扣的坛子而得名。该景区所在地为大坝建设勘测点，海拔262.48米，是观赏三峡工程全景的最佳位置，不仅能欣赏到三峡大坝的雄浑壮伟，还能观看壁立千仞的“长江第四峡”——双向五级船闸。

第七，保护生态。三峡建坝后，库区的气温将夏降、冬升各约2℃。这将更有利于桐、药、橘、栗、桑、茶等喜温作物的生长。珍稀植物大多分布于海拔300米以上，淹没区珍稀动物分布极少。中华鲟、大鲵和江豚的生息繁衍均无影响。三峡建坝后，长江中下游洪灾得到控制，这有利于消灭钉螺和杜绝血吸虫病及各种瘟疫的流行。三峡建坝后，水受大坝调节，枯水期下泄流量增大，但不影响中下游沿岸地区自行排水，潜水位也不会变化，更不会加剧土壤沼泽化和贫瘠化。三峡大坝每年十月因蓄水而下泄流量相应减少，但下泄流量仍大于上海地区降盐度所需流量。在咸潮入侵严重的枯水期，下泄流量仍大于建坝前流量，对冲淡咸潮和降低盐度的效果更显著。三峡建坝后，河口的盐渍土仍继续向脱盐方向好转，水体营养水平进一步提高。重庆市区高程均在210米以上，三峡建坝后，百年或千年一遇的洪水位，不超过朝天门码头的200米高程。即使不考虑重庆以上江段100年内建水库拦沙和调节洪水等有利因素，重庆不但不受洪水和泥沙威胁，而且有利于改善港口条件。三峡水库为河道型，首尾落差120米，长江每立方米水的含泥沙量，是黄河水同单位含沙量的1/30。三峡建坝后，采用“蓄清排浑”，即“静水通航、动水拉沙”并辅以“机械清淤”措施，水库运行100年后，仍将保留92%的调节库容。库区两岸有22个可能失稳滑坡体，总量为3.8亿立方米，即使全部滑入水库，也仅占9‰的库容。大坝建在沿长江约110千米、横跨长江约70千米的花岗岩地壳上，并按Ⅶ度抗震烈度设防，不论天然地震还是水库诱发的地震，其烈度均不超过Ⅵ度，均不危及大坝安全和水库寿命。因此，长江三峡工程是保护和改善流域生态环境的和平“卫士”。

你知道吗

咸潮（又称咸潮上溯），是一种天然水文现象。它源于日、月潮汐，当淡水河流的流量不足时，潮汐造成的上涨海水，就通过河口向上游倒灌，致使上游河道水体变咸，形成咸潮。咸潮一般发生于冬季或干旱的季节。

第八，净化环境。三峡建坝后，年均发电约850亿千瓦时，相当于每年节约5000万吨原煤。若以火电代替，需建14座130万千瓦的

大型火电站和3座年产超1500万吨的煤矿，以及修建800千米（相当于秦皇岛到大同）的供煤铁路复线，成年累月、夜以继日地运煤，还要占用大量的耕地。三峡水电站比同等电量的火电站，每年将少排放二氧化碳1.2亿吨、二氧化硫200万吨、氮氧化合物37万吨、一氧化碳1万吨以及大量的废水和废渣。所以，长江三峡工程是无法比拟的人类环境的“净化器”。

第九，开发性移民。从1985年至1993年，累计投资移民（含试点）经费12亿元，先后建设、改造水平梯田和低产田超21万亩，为城镇搬迁建楼、舍、涵、桥、道路和供水工程近1500项，安置移民近3万人，迁厂建厂近100家，在移民安居乐业和镇厂搬迁及人才培训等方面均取得了可喜的成就，深受库区人民欢迎。因此，继后的移民工作伴随着工程进度相继展开。这证明了对移民迁居的生产和生活安置做到“全面规划、统一安排、因地制宜、科学开发、负责到底”，且开发性移民方针必是指导双文明建设，率领百万移民脱贫致富奔小康，实现库区长治久安的必由之路。由此可见，兴建长江三峡工程，给库区两岸人民带来了千载难逢的经济腾飞的良机。

第十，三峡工程是特大型的综合性系统工程，它涉及多方面的重大科技问题，如大型设备制造、专业人才的培训、重大工程项目的技术经济决策方法、三峡工程中关键问题的应用基础研究（包括基础科学和应用科学）等。因此通过三峡工程的建设实践，对促进我国科学技术的发展正发挥着难以估量的影响。

六　对三峡工程的一些疑虑

事物总是一分为二的，三峡工程自然也不例外，而且由于三峡工程涉及面广、规模浩大，又有许多复杂的技术问题，因此也就必然地引起了社会各界的广泛关注。显然对于这一关系到国家民族和子孙后代的重大工程建设，提出不同的看法和意见，对三峡工程研究的深入和优化，无疑是有益的，是值得人们认真听取的，并应从多方面的不同角度予以慎重思考，及早集思广益和采取必要对策。

具体地说，这些疑虑和质疑主要集中在以下几个方面：

正在泄洪的三峡大坝

首先，对大坝安全性的疑虑。前面已述及三峡大坝为混凝土重力坝，挡水前沿总长为 2345 米，最大坝高 181 米，坝体总混凝土量为 1486 万立方米，其总方量雄居世界第一。然而，由于大坝拦蓄的是水位高达 175 米的流水，这使它要承受着巨大的水流压力。虽然事实已经证明，自 2010 年 10 月 26 日三峡蓄水水位到达 175 米预定水位后，大坝经受住了考验，一直运行正常，但一些人还是担心，万一猝遇千年一遇的大洪水，库水水位超越警戒水位，大坝是否还能经受住考验？更有人担心，年久以后，大坝是否还会坚如磐石？另一些人则担心，大坝在战争时有可能成为敌方攻击的目标。甚至还有人说："一旦发生垮坝，必将淹没、冲毁武汉、南京、上海这些长江中下游的大城市。"而三峡工程支持者则指出，这些疑虑是不必要的，有杞

人忧天之嫌。事实上三峡大坝是一个底宽120米、顶宽40米、高130米的实心体，从其横截面看类似一块普通的砖（由于是梯形结构，远比矩形抗压性更好，埃及金字塔、中国古代城堡都是梯形结构）。简单地想一想，要想冲垮一块砖，要多大的水头和冲击力量？如此厚度的实心重力大坝，即使是一大堆混凝土堆在那儿，就是用上核弹，要想撼动它也不容易。西北罗布泊30万吨级地爆原子弹弹坑才30米深，非核高爆装药的钻地弹头能奈大坝几何？有一个数据大家要知道，修建三峡大坝的五级船闸，光是炸药就用了近两万吨——相当于广岛原子弹。再说，现代战争有征兆可察，重大水利设施一般不会是战争的首批攻击对象，有可能预警放水，做好有效的人防措施。在三峡工程枢纽建筑物设计中，已对战时与平时的运用相结合作了充分考虑。大坝有大泄量的底孔，降低水库水位所需时间较短，由正常蓄水位175米降至135米最多只需7天。三峡水库下游有20千米长的峡谷河段，对溃坝洪水将发挥缓冲和削减作用。溃坝模型试验表明，在大坝遭突袭时，由于狭长峡谷所引起的约束作用，下游荆江河段不致发生毁灭性灾害。战时水库运用水位控制在145米，必要时短时降到135米甚至更低，是可以减少溃坝损失的。那种认为一旦垮坝会淹没、冲毁武汉、南京、上海之说，根本就是无稽之谈。整个三峡水库库容不过三四百亿立方米，减去不管修不修大坝本身就存在的原600千米河道容积，可下泄冲击性水量约200亿立方米。长江中游荆江段最大安全流量超过8万立方米/秒，最大安全极限日流量可达70亿立方米，三天时间就可以在不启用分洪区的情况下安全地将三峡水库的库水清除到普通水位。此外，从三峡到武汉，再到上海有多远？中间上千千米河段的宽阔的江面，其宽度是三峡水库的几倍甚至十几倍，更别提还有一个巨大的洞庭湖！其消水头滞水、纳水之能力足以抵挡上游来水。再说，三峡大坝上边不远就进入西陵峡，江面狭窄，再往上行，是有名的瞿塘峡夔门。夔门下行数百米，名石板夹，是三峡最窄的河段，蓄水前平时只有难以想象的30～40米宽；去过三峡的人都知道，雄奇壮丽的夔门江面两侧直立的高达五百米的峭壁间最大宽

度也仅仅只有100米，一个100米的口子能有多少下泄流量？须知三峡水库大部分库容都在这个口子上游的重庆—涪陵、万州江段，有了这个天然的束水阀门，还用担心么？大坝下游30千米连拐三个直角大弯，随后到葛洲坝及其以下，水面由几百米豁然增至几千米，此时失去两岸狭窄陡岸支撑的水立墙面顿时坍塌消融，再下去近两百千米的荆江河道九曲十八弯个个都是几乎180°的大回转，几下折腾以后再大的水头也会被搞得没了脾气，这样一来顶多对宜昌沿江地区有冲击；过了荆江到沙市江段就基本上被消融滞纳成一般的大洪水，根本威胁不到数百千米以外的武汉，再过了八百里洞庭湖庞大的湖面就几乎没有什么洪水的感觉了。

第二，担心它可能改变邻近地域的气候环境。其实工程设计者们

夔（kuí）门 夔门又称瞿塘关，是瞿塘峡之西门，是长江三峡的西大门，长江上游之水纳于此门而入峡；其位于巍峨壮丽的白帝城下，是出入四川盆地的门户。该地两岸断崖壁立，高数百丈，宽不及百米，形同门户，故名夔门。峡中水深急流，江面最窄处不足50米，波涛汹涌，呼啸奔腾，令人心悸，素有“夔门天下雄”之称。诗圣杜甫有诗曰“白帝高为三峡镇，瞿塘险过百牢关”。

本就预计，由于库区大面积水域的出现，在水的调节作用下，库区的气温将有可能夏降、冬升各约2℃。但怀疑论者则认为这样的估计过于乐观，事实上的影响很可能出乎大家的意料。一些人甚至认为2011年4～5月，蔓延在长江中下游地区的持续的、史上罕见的严重的大面积干旱，就是三峡工程对气候产生不利影响的一种表现。而三峡工程支持者则认为，这种想法毫无根据，是一种想当然的推测，没有任何可靠的证据可以证明，干旱的产生与三峡工程有什么联系。他们认为造成2011年长江流域降雨少的主要原因，是近年来世界范围的气候异常，也是我国东部大气环流系统异常，冷空气活动势力强大，水汽输送条件不足等天气因素造成的，与三峡工程无关。

因干旱造成湖水干涸而暴露出来的干裂了的湖底。2011年春季以来，长江中下游地区降水量为近60年同期最少，湖北、湖南、江西、安徽和江苏五省出现重度气象干旱现象。根据民政部统计，截至当年5月27日，上述五省共有3483.3万人遭受旱灾，423.6万人发生饮水困难，506.5万人需救助；饮水困难大小牲畜107万头（只）；农作物受灾面积370.51万公顷（5557.65万亩），其中绝收面积16.68万公顷（250.2万亩）；直接经济损失149.4亿元。其中，湖北、湖南两省受灾较为严重。

第三，担心会引发重大危害的水库地震。众所周知，水库地震一直是人们对建造水库心存疑虑的一个挥之不去的阴影。全世界因建造水库而诱发的地震不下百例。当年我国建造的新丰江水库于1959年10月开始蓄水，1962年3月便遭到6.1级地震的袭击。三峡水库蓄水之后，三峡地区仪器可测到的地震次数也明显有所增加，虽然到现在为止还没有发生破坏性的地震，但是地震专家却认为未来有可能发生6级或6.5级地震。然而三峡库区的建筑，特别是三峡工程开工之后新建的民居建筑物都没有抗震设计，一旦发生6级或6.5级地震，一场地质大灾难将不可避免。更有人甚至认为2008年发生在四川汶川的8.0级大地震就是三峡工程诱发的结果。而三峡工程支持者则指出，三峡水库蓄水以来的地震监测分析表明：蓄水初期确实突发密集型小震群，但震级小于3级的占地震总数的99.4%，蓄水后记录到的最大地震为4.1级；而且地震绝大多数分布在前期预测的水库诱发地震潜在危险区内及其边缘，主要集中在库区两岸10千米以内。经实地调查，多数地震都是库水淹没废弃矿山和岩溶发育地区所引发的。汶川地震发生在青藏高原北部边缘的龙门山地震带，属地下深层次地壳板块碰撞的结果。而三峡大坝所在的地质背景、区域地质构造条件与汶川地区截然不同，所以汶川地震与三峡水库蓄水根本扯不上关系。再说，已知水库地震多发生在库坝区附近，震级同坝高和库容有关，且大震多发生在水库水位达到最高水位后不久。三峡水库从2003年6月就开始蓄水到135米水位，虽然还没有达到设计的蓄水的最高水位175米（2010年10月26日达到最高水位），但也已有8年（至2011年）的蓄水历史，事实证明它并没有诱发重大的地震。他们还指出：大坝在设计时已对可能发生的地震作了充分的准备，一旦地震真的发生，大坝也具有足够的抗震能力，不至于造成重大的危害。

你知道吗

水库地震最早发现于20世纪30年代，它是在特殊地质条件下，由于蓄水改变了自然环境引起的。它的特点是震源浅，震中多位于库坝区附近，震级同坝高和库容有关。所以高坝的大型水库较有可能诱发震级较高的地震。

第四，担心它可能对周围的生态环境带来不利的影响。他们每每还提及埃及阿斯旺水坝的教训。想当年（1970年）该水坝建成时，曾使尼罗河的灌溉面积大大扩大，有40万公顷的沙漠变成了良田，使埃及的农业产值因此翻了一番。伴随大坝建成的水电站还每年可发电80亿千瓦时，为解决埃及的能源短缺作出了重大贡献。然而时至今日，由于大坝使尼罗河来沙量减少，水流趋缓，河口海滨两岸逐年内塌，以致尼罗河的航运和渔业资源遭受重创。另外水库还使周边的地下水位普遍升高，继而引起土地的盐渍化、贫瘠化，使农业受到新的打击。鉴于阿斯旺大坝的这些不良后果，有人建议炸掉大坝，以恢复尼罗河的生态。这一前车之鉴，使一些人也不免对三峡大坝可能发生的后果产生担忧。另一些人更指出：三峡水库蓄水之后，水流变缓，河流的自净能力大减，水库水质已明显变坏。特别是过去水质好的支流河段，水质恶化问题更加严重，以致三峡库区的各市、区、县都不准备把三峡水库作为生活饮用水源，而要另辟水源。可见三峡水库水质问题之糟糕。还有三峡水库正造成血吸虫病的蔓延，从高发病的湖南、湖北向原没有血吸虫病的重庆、四川传播。

诸如此类的生态问题，不能不引起人们的关注。对于这些问题，三峡工程支持者则强调，事物总是一分为二，有其有利的方面，也会有其不利的方面。对于这些不利的方面，我们只要未雨绸缪、统筹兼顾，做好必要的预防、处理措施，是可以让其危害减小到最低程度

盐渍化的土地，土壤表面可见有白色的盐碱。盐渍化是指由于自然因素和人为不合理的措施而引起的土壤盐渍化。这是一种缓变性地质灾害。其产生的重要原因，是由于地下水位的升高，致含盐的地下水有可能沿土壤中的孔隙上升至地面，当水分蒸发后便残留下水中的盐分。日积月累，土地便逐渐盐渍化了。它的危害主要体现在使农作物减产或绝收，影响植被生长并间接造成生态环境恶化，且能腐蚀工程设施。

的。决不应因噎废食，舍本逐末，只顾及小的弊病而放弃大的利益。

除了上述四个主要疑虑，一些人还担心水库可能淹没库区里尚未来得及发现的重要地下文物，担心损害库区周围的人文景观，还可能导致长江中下游发生大范围崩岸等。总之由于三峡工程涉及面庞大、影响深远，这就必然地会使处于不同地位、不同学科的人产生这样那样的看法。显然对于这些问题的深入探讨，对三峡工程的持续健康运行是十分有益的。

第二节　外国大水电站

一　发电量最大的伊泰普水电站

1. 伊泰普水电站简介

安第斯山以东的南美诸国，是地球上水利资源最丰富的地方，亚马孙河、拉普拉塔河、巴拉那河等流量充沛的水系滋养着广袤的大地。然而这奔腾的河水，在以前不是给人们带来富裕和幸福，而是祸害和灾难。

巴拉那河是世界第五大河，年径流量 7250 亿立方米，在南美洲是第二大河，印第安人称其为“水之父”。它带着红色的泥水，穿越南美大陆经过巴西、巴拉圭、阿根廷三个国家后注入大西洋。往昔因经常洪水泛滥，迫使居民必须迁离家园，等水退后才能重返破碎了的家园。面对这拥有巨大水力资源的大河，如何使它变害为利、造福一方是许多有识之士一直孜孜以求的课题。20 世纪 70 年代巴西经济起飞后，先后经历了两次电力能源危机。出于深刻的教训和对未来经济与社会发展对能源需求的预计，巴西政府毅然决定同巴拉圭合作建造当时世界上最大的水电站——伊泰普水电站。1974 年，巴西和巴拉圭两国签署了《伊泰普协约》，决定创建伊泰普合营公司，共同修建一座大坝，以开发作为两国国界河的巴拉那河的水力资源。

你知道吗

巴西是拉丁美洲最大的国家，人口居世界第五，面积居世界第五，国内生产总值位居南美洲第一，世界第七。由于历史上曾是葡萄牙的殖民地，故巴西的官方语言为葡萄牙语。足球是巴西人文化生活的主流。由于经济发展迅速，它同我国、印度和俄罗斯被世人共同誉为“金砖四国”之一。2011 年其人均国内生产总值超过 1 万美元。

在成立伊泰普合营公司的基础上，1975 年 10 月伊泰普水电站破土动工。在施工高潮期间，工地上的建筑大军达 3 万之多，耸立着 17 个臂长 80 米的起重机。经过 10 年奋战，1984 年 5 月，第一台发电机组投入运转。又经过 7 年的努力，1991 年 5 月全部工程完工，最后一台发电机组开始发电。工程总耗资 183 亿美元，在当时是世界上最大的水电站终于建成。

伊泰普在印第安语中意为“会唱歌的石头”。水电站主坝为混凝土空心重力坝，高 196 米（海拔 225 米），长 1500 米。右侧接弧形混凝土大头坝，长 770 米。左接溢洪道，溢洪闸长 483 米，最大泄洪量为 62200 立方米/秒。两岸还接有堆石坝、土坝，整个水电站坝身长 7.7 千米，坝高 196 米。坝内蓄满水后，形成了面积达 1350 平方千米、深 250 米、总蓄水量为 290 亿立方米（正常高水位 220 米时）的伊泰普人工湖。湖的大半（57%）在巴西，小半（43%）在巴拉圭。工程的兴建带动了巴西、巴拉圭建筑业、建筑材料和其他服务行业的发展。电站的建成是拉丁美洲国家间相互合作的重要成果。伊泰普水电站是当之无愧的“世纪工程”，是当今世界上已建成水电站中的“巨无霸”，目前共有 20 台发电机组（每台 70 万千瓦），总装机容量 1400 万千瓦，年发电量 900 亿千瓦时，其中 2008 年发电 948.6 亿千

伊泰普水库远眺 这座雄伟的大坝将巴拉那河拦腰截断，形成深 250 米、面积达 1350 平方千米、总蓄水量为 290 亿立方米的人工湖。大坝的西侧是水库的溢洪道，十几道闸门同时敞开，库水能以每秒 4.6 万立方米的流量倾泻而出，飞卷的波浪高达几十米，形成一道壮丽的人工瀑布，蔚为壮观。全长 7760 米的大坝在浪花掀起的雾气的笼罩下，显得格外雄伟壮观。坝高 196 米，相当于 65 层楼房的高度。大坝外壁，20 个巨型管道——20 个发电机组的注水管一字排开，每根管道的直径为 10.5 米、长 142 米，每秒注水 645 立方米。

瓦时。它是当今世界装机容量第二大、发电量最大的水电站。它自建成以来，就在巴西和巴拉圭能源供应与经济发展中发挥着举足轻重的作用。如今，伊泰普水电站不仅能满足巴拉圭全部用电需求，而且能供应巴西全国 30％以上的用电量，圣保罗、里约热内卢、米纳斯吉拉斯等主要工业区 38％的电力都是来自伊泰普水电站。

伊泰普水电站在建设之初，人们就非常重视对环境的保护，在工程开工之前，就已提出了有关生态影响的可行性研究报告，并指出了可能存在的环境问题。为了查清其不利影响，找出克服的办法，进行了认真的环境保护研究。随后又进行了社会的、生物的和自然方面的

细致调查，建立了详尽的资料档案，内容包括考古、森林、动物、水生环境（水质和鱼类生态学）、沉积作用、气候和土地征用等方面。如社会环境方面的工作：建立了按年代和文化划分的考古勘测点 273 个，包括遗址、艺术品、遗迹 17 万多处，最古老的可追溯到公元前 6100 年。

为了满足社会、经济和文化方面的需求，在与环境保护相协调的原则下，建设了一些公共或私营的工程项目。这些项目可以用于休息、娱乐、旅游、航运、城乡工业储水和供水以及渔业等。

建造在库区周边的保护林地

人们又在水库周围建立起用于环境保护的绿化区域。在水坝沿岸植树 2000 多万株，建造了 200 至 300 米宽（平均宽 285 米，包括 100 米宽的永久保护带）的林带，使水库边的绿色和热带雨林连成一片，保护带占地约 63376 公顷；并设立了 6 个特区以保护生物多样性的延续。通过对当地植物种类的详细调查，人们提出了在库中岛上的周边

保护带和保护地重新造林的计划。1979 年开始在巴西一侧种植防护林，种了 49 种树种约 100 万棵。在巴拉圭沿岸，则以保护原来的植物群为主。巴西还在实施营造 28000 公顷森林的计划，拟种 86 种当地树种 140 万棵。

动物的保护也受到人们的极大重视。1982 年水库蓄水后的 14 天内，大坝上游两岸顿时成泽国，82 万平方千米流域面积的生态环境系统突然变化，野生动物几乎面临灭顶之灾。为了营救这些动物，伊泰普公司出动大批船只和人员前往被淹各地，在船上用网打捞在水中已精疲力竭的各种动物，爬到水面树尖上抱起惊恐万状的猴子和貘，从而使 3 万头动物得以转移、保留，回归自然。人们还特意建造伊泰普动物园，让大批稀有动物被精心转移护理，保留了种群。

在水环境保护方面，早在 1972 年就进行了水环境的研究，对沉积物进行了定量的检测，为此设有 20 个取样站进行水质监测，测量参数达 60 多个。另外蓄水后的捕捞表明，目前有 174 种鱼类，其中 83 种生活在水库里，64 种生活在七瀑布下游，72 种受到影响。为了减少大坝对下游的不利影响，伊泰普公司完成了一项产卵渠道工程，通过洄游训练，可减少环境对鱼类的影响，使巴拉那河的鱼类可以沿产卵渠道上溯到水坝上游繁殖。这就不仅促进了大坝下游渔业生产的增加，还使产卵渠道与水产养殖站的工作结合起来，使某些鱼种在水库中的圈养收到了明显效果。1987 年人们还救出卷入水轮机中的鱼类近 25000 条。考虑到支流的水对有毒物质的转移和营养物质进入水库十分重要，因此为避免河流对水库的污染，水库当局给周边 1270 户家庭提供了 120 万株种苗。让树苗既用于保护堤岸，也有利于对河流水质的保护。他们还在水库周围安装了 160 套公共供水设施，统一规划周边居民对水源的需求。

为使工程尽可能做到尽善尽美，巴西当局不仅在国内吸取各方意见，而且还邀请参加 1992 年 6 月联合国环境与发展大会前后来里约热内卢的 1.5 万名各国生态专家和环境专家到伊泰普水电站参观，以敞开听取各方的评论。

2. 伊泰普水电站与三峡工程的比较

伊泰普水电站与三峡工程都是当今世界上水电站中的“巨无霸”，两者相比孰长孰短呢？

首先让我们先来作一下简单的数据比较：

	三峡	伊泰普
总发电机组	32 台	20 台
总装机容量	1820 万千瓦	1400 万千瓦
年发电量	846.8 亿千瓦时	900 亿千瓦时
大坝全长	3035 米	7760 米
最大坝高	181 米	196 米
水库面积	1084 平方千米	1350 平方千米
水库长	600 余千米	170 千米
总库容	393 亿立方米	290 亿立方米
土石方工程总量	16346.95 万立方米	9245 万立方米

通过比较表格里的各项数据，大家可以发现一个明显的问题，那就是从总装机容量来说，三峡的总装机容量是伊泰普的 1.3 倍，但从年发电量来说，伊泰普却高于三峡。这是为什么呢？

原来伊泰普水电站在建造之初，其目的就是以发电为主的水电工程。水库水位消落在平时只有 1 米，只有在溢洪道需要维修时才不得已将水库水位降低 3 米。下游水位虽然会随下泄流量而改变，但实际上也没有大的变化。也就是说水库水位变化很小，所以电站水头的变幅也很小，基本上是在恒定水头下进行满负荷的运行。平时只要机组维护好不出毛病，水轮机组就都可以满负荷发电。而我们的三峡工程在建造时，却是以防洪为主要目的而进行规划设计的，发电的条件完全是依附于既定的防洪规划。这就造成水轮机的设计难度远远超过伊泰普，其复杂的运行条件也可称常规机组之最。三峡共安装 32 台 70 万千瓦水轮发电机组，其中左岸 14 台、右岸 12 台、地下 6 台，另外还有 2 台 5 万千瓦的电源机组，年平均发电量为 846.8 亿千瓦时。这是由于长江是以雨水补给为主的河流，径流量受汛期的明显控制。每

伊泰普大坝 长达7760米的伊泰普大坝就像一座钢筋混凝土铸就的长城。在伊泰普水电站修建期间，开挖的土石方达6385万立方米，是连接法国与英国的欧洲海底隧道土石方的8.5倍。如果将其用普通卡车装运，可排成长达12.8万千米的漫长车队，能绕地球3周。浇筑的混凝土达1257万立方米，用这些混凝土可以再建一个人口达1700万的里约热内卢城，或可修建210座世界上最大的可容纳20万人的里约热内卢马拉卡纳足球场。建坝所使用的钢铁则可建成380座埃菲尔铁塔。

年5～10月为汛期，7、8月为大汛期。汛期径流量占全年径流量的70%～80%。因此在枯水期受来水量的限制，机组就未能满负荷运行；而在汛期本可以多利用滚滚江水来多发电，却又因需要防洪，不得不将水库水位从175米下降到145米，从而导致大量的水能被白白放弃，所以其发电量较之伊泰普电站就要略少一些。因此，三峡水电站发电量相对较少，是受自然条件限制的结果。

不过与伊泰普相比，三峡工程仍然是全球防洪效益最为显著的水利工程，能有效控制长江上游洪水，增强长江中下游抗洪能力。

三峡工程也是全球建筑规模最大的水利工程，大坝坝轴线全长3035米，泄流坝段长483米。

三峡工程又是全球工程量最大的水利工程，主体建筑土石方挖填量约1.34亿立方米；若包括辅助工程，则土石方工程总量1.63亿立方米，几乎是伊泰普总工程量0.9亿立方米的一倍。

三峡工程还是全球施工难度最大的水利工程，它创造了混凝土浇筑的世界纪录。

三峡工程更是施工期流量最大的水利工程。三峡工程截流流量为9010立方米/秒，施工导流最大洪峰流量为79000立方米/秒。

三峡工程还有全球泄洪能力最大的泄洪闸。其最大泄洪能力为10万立方米/秒。

三峡工程的内河船闸是全球级数最多、总水头最高的内河船闸。它拥有全球规模最大、难度最大的升船机，其有效尺寸为120米×18米×3.5米，最大升程有113米。

三峡工程是全球水库移民最多、工作最为艰巨的移民建设工程。

二　世界其他大水电站巡视

除伊泰普水电站外，世界其他地方还有若干大型水电站，这里介绍几个重要的水电站，以飨读者。

1. 美国大古力水电站

大古力水电站是美国最大的水电站，位于华盛顿州斯波坎市附近的哥伦比亚河上。

哥伦比亚河是北美西部大河之一，以1792年来此探险的波士顿商人罗伯特·葛瑞所乘的船名命名。它源于加拿大落基山西坡的哥伦比亚湖，海拔820米，全长1953千米，流域面积为67.1万平方千米，其中在加拿大境内的为10.4万平方千米，在美国则流经华盛顿、俄勒冈、爱达荷等美国西北三州，流域面积虽仅占美国幅员面积的7%，但水能资源却占据美国全国水能资源的35%。自20世纪30年代开始，美国就在哥伦比亚河上修建了29座水坝。这些水坝不但控制了洪水，提供了灌溉，是鱼类洄游、鱼类和野生物种的栖息地，而且具有发电、航运和娱乐等综合效益。这些大型水电站的修建，客观

上促进了纵横交错的超高压和特高压输电线路的建设，推动了美国西部电网的发展和与其他电网的联网。水坝提供的灌溉，还使得美国西北地区成为粮仓，成为美国名副其实的“面包篮子”和“菜篮子”。

美国大古力水电站鸟瞰 大古力工程主坝为混凝土重力坝，连同扩建的前池坝总长1592米。河床中部为溢流坝，左、右侧分设第一、第二厂房，左岸为提水灌溉的抽水站，右岸为扩建的第三厂房。主坝坝轴线为直线，坝顶长1179米、高167.6米、宽9.1米，高程399.59米，大坝底部最宽处达152.4米。

大古力水电站是哥伦比亚河上诸多水电站中的一个，由联邦垦务局修建，1933年开工，1941年9月28日第一台机组投入运行，1978年第三电厂建成。总装机容量649.4万千瓦，并预留了4台共240万千瓦的发电机组位置。后又经扩建，使总装机容量达到1083万千瓦，位列世界第三。大古力水电站控制流域面积为19.2万平方千米。平均年径流量为962亿立方米，有发电、灌溉、防洪等效益。大坝采用混凝土重力坝，最大坝高168米，坝顶长1272米，为哥伦比亚河上

最大的水坝。水库命名为罗斯福湖，总库容 118 亿立方米。坝后式常规发电厂房共有 3 座，并在坝上游左岸设有安装水泵和抽水蓄能机组的厂房，可灌溉 40.5 万公顷农田。泄洪设施为溢流坝、中孔和深孔。3 座常规电厂多年平均年发电量为 216 亿千瓦时。

2. 委内瑞拉古里水电站

古里水电站，又名拉乌·利欧尼水电站，位于距委内瑞拉首都加拉加斯东南约 500 千米的卡罗尼河上。卡罗尼河是南美洲第三大河奥里诺科河的支流，长 640 千米，古里坝址位于河口以上 95 千米处。它是卡罗尼河梯级开发的第一级电站，控制流域面积为 8.5 万平方千米，年径流量为 1536 亿立方米。大坝的基岩主要为片麻岩，为混凝土重力坝，最大坝高 162 米，坝顶长 1400 米，右岸连接土石坝长 4000 米，左岸连接土石坝长 2000 米，副坝总长 32 千米。拦截后形成的水库总库容 1350 亿立方米。有两座坝后式发电厂房，总装机容量 1006 万千瓦，名列世界第四，年发电量 510 亿千瓦时。泄洪设施为溢洪道，泄洪量为 3 万立方米/秒。古里水电站修建工程于 1963 年 8 月 8 日开工，分 3 期实施，历时 24 年，于 1986 年 11 月 8 日竣工。

你知道吗

片麻岩是一种主要由石英和长石组成的变质岩。但由于它在地质历史时期里曾遭受过强烈的挤压，因此其组成矿物会呈现出大致垂直压力方向的排列状态，即具有所谓的片麻状构造，故有片麻岩之称。当其组成矿物与花岗岩十分相似时，称花岗片麻岩。

古里水库对卡罗尼河季节性的流量变化有很好的调节作用，使之下泄流量趋向均匀，这就不会影响奥里诺科河口的生态环境。

古里水电站一期工程施工 5 年后即开始发电，以后边发电边扩

古里水电站的大坝 大坝建成后，形成的水库集水面积为85000平方千米，流域内平均年降水量达2920毫米，多年平均流量为每秒4870立方米。流域内有森林被覆62500平方千米，泥沙很少。坝址位于坚硬的花岗片麻岩上，可建高坝大库。库区人口稀少，淹没损失小，河道也不通航，这些是分期建设的有利条件。水电站在建设过程中，经历了24年的风风雨雨，政府几经更换，还受到严重经济危机的打击，但这种种困难和挫折，并不阻碍这一巨大工程的如期完工。这表明了委内瑞拉人民建设未来的意志和勇气。工程总投资达300亿玻利瓦尔。

建，根据用电负荷的增长逐步扩大电站规模。其所发的廉价水电，可供应委内瑞拉约三分之二的电力，除供应附近的圭亚那工业区外，还送往首都加拉加斯，接入国家电力系统，从而为委内瑞拉节省了大量石油并出口换取外汇，取得显著的经济效益。

不过，近年来古里水电站也遭遇严重的危机。由于委内瑞拉受太平洋异常气候影响，2009年开始出现严重旱情，导致古里水库水位较正常水平下降9米。为防水库水位进一步下降，导致水电站瘫痪，委内瑞拉政府在2010年1月12日宣布，从13日零时起，全国实行

隔日限电措施，最长停电 4 小时。委内瑞拉电力部长甚至声称，因干旱和电力短缺，该国可能被迫关闭东南部地区的铝、钢铁及铝土矿业务。古里水电站的这一危机，向世界水电建设敲响了警钟，它告诉人们：在水电建设时必须考虑到可能出现的这种情况，在设计时就应做好应对这种可能出现的情况的准备。

3. 巴西图库鲁伊水电站

图库鲁伊水电站位于巴西北部的亚马孙地区托坎廷斯河上，距港口贝伦市 320 千米，是巴西的第二大水电站。

托坎廷斯河长 2500 千米，与亚马孙河干流在同一地区注入大西洋。流域处于赤道附近的热带雨林区，平均年降水量 1500 毫米～2000 毫米。图库鲁伊水电站坝址以上的集水面积为 75.8 万平方千米，多年平均年径流量为 3470 亿立方米，多年平均流量为 11000 立方米/秒，实测最大流量为 68400 立方米/秒，设计洪水流量为 100000 立方米/秒。水库正常蓄水位 72 米，水库面积 2430 平方千米，总库容 458 亿立方米。库区内有大面积森林，仅有居民 1.8 万人。工程建成后共迁移了 15000 人，淹没了 2160 平方千米的热带雨林区。

图库鲁伊大坝为土石坝，最大坝高 98 米。电站总装机容量 796 万千瓦，第一期装机 400 万千瓦。工程以发电为主，兼有航运、渔业、灌溉等多种综合效益。工程于 1974 年开始施工准备，1975 年 11 月主体工程开工，1984 年第一台机组发电，1988 年年底完成装机 424 万千瓦；二期扩建 412.5 万千瓦，共达 837 万千瓦，年发电量 324 亿千瓦时。待上游建库提高径流调节能力和巴西北部用电量需求增长后，再扩大水库容量至 837 万千瓦。故在世界大水电站排名中位列第五。

电站的建成，为开发当地丰富的铁矿和铝矾土等资源提供了充足的电力，是巴西经济重心向北转移的一项重大工程。

然而，图库鲁伊水电站建设留下的教训也是十分深刻的。这主要是它对水库可能带来的环境影响缺乏全面的研究，没有采取必要的应对措施。

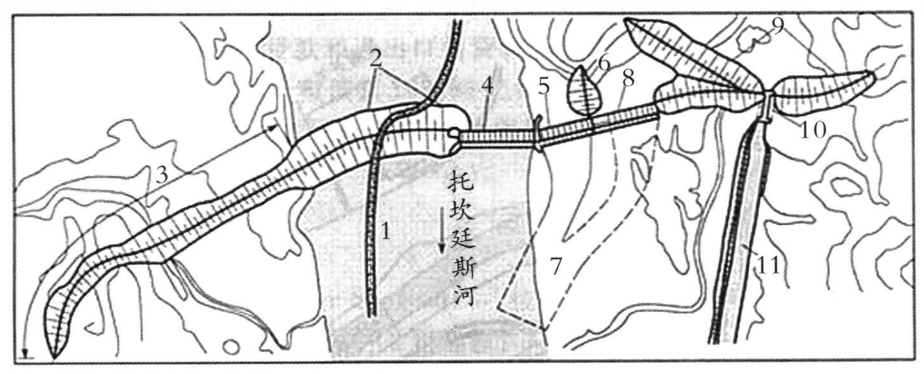

图库鲁伊水电站平面布置图

1—推力断层；2—河床堆石坝；3—右岸土坝；4—溢流坝段；5—一期厂房坝段；6—一期纵向堆石坝；7—尾水渠；8—二期厂房坝段；9—左岸Y形土坝；10—上级船闸；11—中间航渠

图库鲁伊水库面积为2430平方千米，是目前世界上建在热带雨林地区的最大水库。它淹没了2000多平方千米的热带雨林，被淹没的大量植物在水中腐烂，使水质受到严重破害，减少了水中有效氧含量，影响水生生物的繁衍。浮出水面的朽木和水中的营养物质又使水草繁殖，从而妨碍航运、旅游和损坏电站的水力机械。水草的繁殖还使水库失去部分有效库容，阻碍水流及增加水的蒸发损失。水草的分解形成恶臭水域，并由于减弱了氧与光的扩散，又使渔业减产，而最严重的后果还在于为钉螺、蚊子等传染病媒介提供了繁殖场所。

另外，水库蓄水后，陆生动物失去其部分栖息地，被迫迁移到他处。这些被迫迁徙的动物在异地因缺少给养或不适宜环境而大部分死亡。鱼类种群及其品种也因活水变死水而大受影响。此外，图库鲁伊坝还阻碍鱼类洄游，影响了下游500千米河上的捕鱼业。

4. 加拿大拉格朗德二级水电站

拉格朗德二级水电站位于加拿大魁北克省北部詹姆斯湾边远地区，在拉格朗德河口以上117千米处。拉格朗德河长861千米，流域面积为9.8万平方千米，平均年降水量为750毫米，平均年径流量为536亿立方米，坝址处多年平均流量2920立方米/秒。另从相邻的卡尼亚皮斯科河和伊斯特梅恩河跨流域引水 391 亿立方米，使总的平均年径流量达 927 亿立方米。

该电站的大坝采用斜心墙堆石坝，坝高 160 米，坝顶长 2854 米；此外，水库周围还有副坝 30 座，长 60～6000 米不等，累计长 21 千米。水库正常蓄水位 175.3 米，相应库容 617 亿立方米，调节库容 193.6 亿立方米；连同上游拉格朗德三级、四级和卡尼亚皮斯科河等邻近所建的几座大水库，总调节库容达 936 亿立方米，相当于跨流域引水后总的平均年径流量的 1.01 倍。所以它的调节性能良好，库区移民和淹没损失很少。

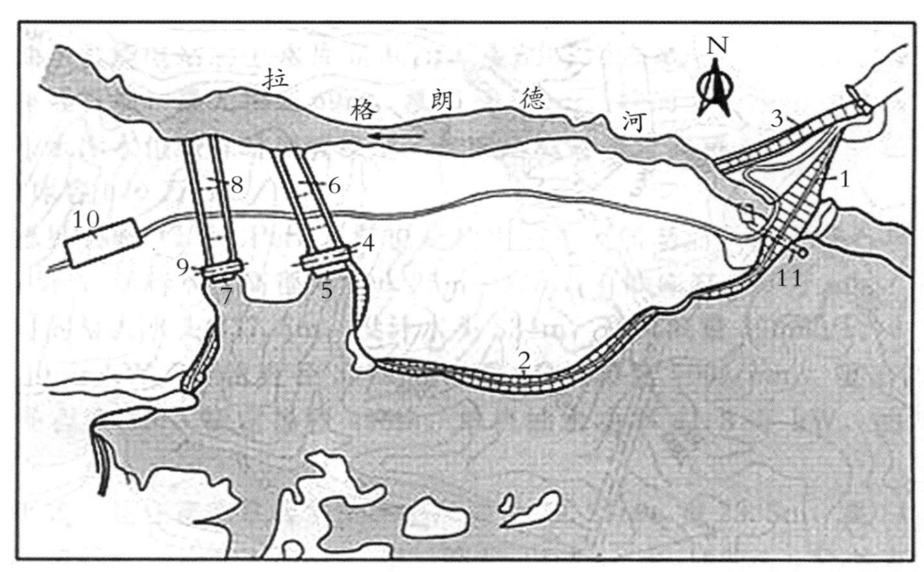

拉格朗德二级水电站平面布置图

1—主土石坝；2—副坝；3—岸边溢洪道；4—一期地下厂房；5—一期进水口；6—一期尾水洞；7—二期进水口；8—二期尾水洞；9—二期地下厂房；10—开关站；11—导流隧洞

电站始建于 1971 年，1982 年完成一期工程；二期工程于 1987 年开始，1992 年完成。其一期发电厂房位于主坝下游左侧岸边，进水口有大量挖方，经过 16 条直径为 8 米的压力斜洞引水入地下厂房。主厂房长 438.4 米、宽 26.5 米、高 47.3 米，是世界上最大的地下厂

房。厂房内装有16台水轮发电机组，单机容量为33.3万千瓦，合计装机容量是532.8万千瓦，平均年发电量为358亿千瓦时。二期扩建的地下厂房布置在一期地下厂房下游约1千米处，厂房长221.5米、宽25.3米、高34.5米，安装6台单机容量为33.3万千瓦的水轮发电机组，合计为199.8万千瓦，使总装机容量扩大到732.6万千瓦，平均年发电量增至380亿千瓦时，成为加拿大已建的最大水电站，并跻身世界十大水电站行列。电站通过735千伏特高压输电线路送电至蒙特利尔用电中心，输电距离达1100千米。

5. 俄罗斯萨扬舒申斯克水电站

萨扬舒申斯克水电站是俄罗斯最大的水电站。它位于西伯利亚叶尼塞河上游的萨扬峡谷。

叶尼塞河是俄罗斯水量最大的河流。它位于亚洲北部，中西伯利亚高原西侧，是流入北冰洋最大的河流；起源于蒙古国，朝北流向喀拉海，其流域范围包含了西伯利亚中部大部分地区。如以色楞格河—安加拉河为源头来计算，全长5539千米，是世界第八长河。虽然长度比密苏里河—密西西比河稍短，但流量是后者的1.5倍。它上游湍急，多急流、洪水，周围人口稀少。萨扬舒申斯克大坝坝址控制流域面积为179900平方千米，平均年径流量为467亿立方米。

萨扬舒申斯克大坝采用混凝土重力拱坝，最大坝高245米，坝顶长1066米，是世界上最高的重力拱坝。坝顶宽25米，最大坝底宽114米。沿坝顶自右至左分四部分：右岸非溢流坝段，溢流坝段，厂房坝段及左岸非溢流坝段。大坝迎水面是垂直的，平面呈弧形（所以称为拱坝），半径为600米。坝体混凝土量达850万立方米，位居世界大坝坝体混凝土量前列。大坝拦截后形成的水库，总库容为313亿立方米。坝后式厂房内安装苏联设计制造的最大水轮发电机组（共10台），单机容量为64万千瓦，总装机容量为640万千瓦，年发电量为235亿千瓦时。因此也是世界十大水电站之一。水电站电力以500千伏超高压输电线接入西伯利亚联合电力系统，主要供给萨扬综合新兴工业区用电。除发电外，该电站还有航运等效益。

俄罗斯萨扬舒申斯克水电站 该水电站于 1963 年进行施工准备，1978 年第一台发电机组投入运行，1985 年年底该电站投运了最后 2 台机组。全部工程在 1987 年完成，总工期长达 19 年。

然而，2009 年 8 月 17 日这一天，这个曾经被苏联引以为傲的宏大工程，却演变成了一场惨不忍睹的灾难。电站发生猛烈的爆炸，导致水管爆裂，巨大的水流冲进了涡轮机房。由于水势过猛，机房内的工作人员都来不及逃生，不少人被困在了机房内。事后统计有 69 人死于这次事故，6 人失踪，还有许多人受伤。爆炸的原因一直扑朔迷离、疑点重重。官方发言人介绍说，是水电站内的一个变压器在修理过程中突然爆炸，导致水管爆裂。又有人说，事故发生前几个小时，该机组曾 6 次超极限运转，导致涡轮机叶片发热，膨胀了四倍，致使涡轮机剧烈抖动（类似于洗衣机甩干模式下的抖动），最终导致涡轮机螺栓因负载过重而脱落，从而引起爆炸。不管事故的原因究竟如何，它无疑是给人们敲响了一次警钟，显然加强管理和监督是保障发电站安全运行的必要举措。

密苏里河是密西西比河的上游支流。密西西比河是北美洲流程最长、流域面积最广、水量最大的河流。它全长6020千米，其长度仅次于非洲的尼罗河，南美洲的亚马孙河和中国的长江，是世界第四长河。年平均流量达1.88万立方米/秒。

6. 世界著名的其他水电站

除上面已经介绍的6个国外的大水电站外，尚有若干分布于世界其他地方的著名大水电站，但限于篇幅，我们就不再一一进行介绍了。下表列出根据其总装机容量来进行排名，位列世界前十名的水电站。

排名	名称	国家	河流	总装机容量	年发电量
1	三峡水电站	中国	长江	1820万千瓦	846.8亿千瓦时
2	伊泰普水电站	巴西	巴拉那河	1400万千瓦	900亿千瓦时
3	大古力水电站	美国	哥伦比亚河	1083万千瓦	216亿千瓦时（初期）
4	古里水电站	委内瑞拉	卡罗尼河	1006万千瓦	510亿千瓦时
5	图库鲁伊水电站	巴西	托坎廷斯河	837万千瓦	324亿千瓦时（初期）
6	拉格朗德二级水电站	加拿大	拉格朗德河	732.6万千瓦	380亿千瓦时
7	萨扬舒申斯克水电站	俄罗斯	叶尼塞河	640万千瓦	235亿千瓦时
8	克拉斯诺亚尔斯克水电站	俄罗斯	叶尼塞河	600万千瓦	204亿千瓦时
9	丘吉尔瀑布水电站	加拿大	丘吉尔河	542.8万千瓦	345亿千瓦时
10	卡奥拉巴萨水电站	莫桑比克	赞比西河	400万千瓦	?

卡奥拉巴萨水电站位于莫桑比克太特省松戈县赞比西河上，由葡萄牙人设计建造。1969 年签订项目合同，1971 年开工建设，1975 年开始发电。水电站由 171 米高的拱形大坝、5 台单机容量为 41.5 万千瓦的水轮发电机、控制中心、变电站、输电线路等组成，设备主要来自法国和德国。总装机容量为 207.5 万千瓦，预计要扩建到装机容量为 400 万千瓦，是非洲最大的水电站。2007 年 11 月 27 日莫桑比克政府已从葡萄牙人手中收回对该电站的控制权。

显然，了解世界各地大水电站的情况，吸取他们在建设过程中和建成后在运行过程中产生的经验和教训，对做好我们自己的水电建设是十分必要的。

第三节　我国的其他著名水电站

一　我国十大水电站排名

我国第一座水电站是建于云南省螳螂川上的石龙坝水电站。它始建于1910年7月，1912年发电，当时装机容量为480千瓦，以后又分期改建、扩建，最终达6000千瓦。显然，它只是一个规模很小的水电站。

我国最早建设的大型水电站，是位于吉林市境内松花江上的丰满水电站，因而它享有“中国水电之母”的称号。新中国成立后，随着我国科技和经济能力的不断增长，以及对电力需求的扩张，水电建设如火如荼地在各地展开，从而涌现出一个比一个大的水电站。截至2010年，我国已建和在建的十大水电站排名依序是：

排名	名称	所在河流	所在地	总装机容量	年发电量
1	三峡	长江	湖北宜昌市三斗坪	1820万千瓦	846.8亿千瓦时
2	溪洛渡	金沙江	云南永善县溪洛渡峡谷	1386万千瓦	571.2亿千瓦时
3	白鹤滩	金沙江	四川宁南县金沙江峡谷	1200万千瓦	515亿千瓦时
4	乌东德	金沙江	云南禄劝县和四川会东县交界	750万千瓦	387亿千瓦时
5	向家坝	金沙江	云南水富县和四川宜宾市交界	600万千瓦	307.5亿千瓦时
6	龙滩	红水河	广西天峨县	630万千瓦	187亿千瓦时

续表

排名	名称	所在河流	所在地	总装机容量	年发电量
7	糯扎渡	澜沧江	云南普洱市翠云区和澜沧县交界	585 万千瓦	240 亿千瓦时
8	锦屏二级	雅砻江	四川木里、盐源、冕宁三县交界	430 万千瓦	242.3 亿千瓦时
9	小湾	澜沧江	云南西部南涧县与凤庆县交界	420 万千瓦	190 亿千瓦时
10	两家人	金沙江	云南金沙江中游虎跳峡下游 2 千米	400 万千瓦	114.4 亿千瓦时

这些特大型水电站多为建成不久或尚未完全建成的，因此知名度大多不是很高。下面我们要介绍的是几个在我国曾占有较重要地位的水电站。它们虽然在装机容量上不及上述十大水电站，但具有一定代表性和某些值得我们关注或借鉴的典型特征。

二　我国的几个著名水电站

1. 丰满水电站

丰满水电站，又叫小丰满水电站，是中国最早建成的大型水电站，也是东北电网骨干电站之一，被誉为“中国水电之母”。它位于吉林市境内松花江上。

丰满大坝高 90.5 米，为重力坝，坝体混凝土量为 194 万立方米。日本撤退时大坝尚未完成，有些坝段还没有按设计断面浇完，而且坝基断层未经处理，已浇的混凝土质量很差，廊道里漏水严重，坝面冻融剥蚀成蜂窝状。大坝处于危险状态。丰满水库正常蓄水位 261 米以下的总库容为 81.1 亿立方米，死水位 242 米以下的死库容为 27.6 亿立方米，有效调节库容 53.5 亿立方米，相当于坝址平均年水量 136 亿立方米的 39%，调节性能相当好。设计洪水位为 266 米，坝顶高程 266.5 米，坝顶以上还有 2.2 米高的防浪墙。从正常蓄水位至坝顶之间有防洪库容 26.7 亿立方米，即可使总库容达 107.8 亿立方米。丰满大坝全长 1080 米，左侧为溢流坝段，为孔口式溢流堰，堰顶高程

丰满水电站侧影

252.5 米，有 11 个孔，各宽 12 米、高 6 米。设计泄洪量为 9020 立方米/秒，校核最大泄洪量为 9240 立方米/秒，用差动式跃水槛消能。发电厂房位于右侧，长 189 米、宽 22 米、高 38 米。

丰满水电站设计平均年发电量为 18.9 亿千瓦时。当 1959 年最后一台机组装好后，1960 年的发电量即达 27.49 亿千瓦时，1963 年、1964 年、1965 年、1966 年、1972 年、1973 年都超过平均年发电量。但后来有些年份因东北电力系统严重缺电，煤又供应不足，强迫丰满水库提前放水发电，以致长期在低水位下运行，甚至降至死水位以下 5.14 米。如 1978 年和 1979 年的发电量分别只有 5.5 亿千瓦时和 7.0 亿千瓦时。后来经过调整，现已恢复正常。

其中 1953 年松花江发生百年一遇大洪水，人们在既要利用丰满水库拦洪，又要减轻松花江下游的洪水灾害，保证大坝的安全和水库回水尾部桦甸县城围堤安全的情况下，让水库最高水位达到 263.5 米，超过正常蓄水位 2.5 米。这在上下游和大坝都非常紧张的情况下通过调度运行，终于渡过了这次大洪水危机。新加固的大坝经受住了这场考验，发挥了显著的防洪作用。

综上所述，丰满水电站的发电量的起伏变化给我们一个重要的启示，即确保水库水位的稳定是维持水电站正常运行的关键。

2. 溪洛渡水电站

溪洛渡水电站是我国仅次于三峡工程的又一世界级巨型水电站，设计装机容量1386万千瓦，与巴西伊泰普水电站（1400万千瓦）相当。发电量略次于伊泰普，位居世界第三，为571.2亿千瓦时，相当于三个半葛洲坝水电站，是中国第二大水电站。

溪洛渡水电站位于青藏高原、云贵高原向四川盆地的过渡带，地处四川省雷波县与云南永善县接壤的溪洛渡峡谷段。它是金沙江下游四个巨型水电站中最大的一个。电站由拦河大坝、地下厂房、泄洪建筑物等组成。它是一座以发电为主，兼有拦沙、防洪和改善下游航运条件等综合效益的水电工程，是金沙江上即将升起的一颗璀璨的明珠。电站总库容115.7亿立方米，建成后能拦截三峡库区泥沙入库量的62.4%，从而有效减少三峡库区的泥沙淤积。溪洛渡水库防洪库容为43亿立方米，如果与三峡水库联合调洪，可有效提高下游沿江城市的防洪标准。

溪洛渡水电站既是国家实施西部大开发战略的重大举措，同时又缓解了我国经济高速发展中日益突出的电力紧张问题，对有效改善国家电源结构，促进东、中、西部优势互补、协调发展等方面具有十分重大的意义。它是金沙江下游梯级电站中第一个开工建设的项目，标志着金沙江干流水电开发迈出了实质性的步伐；也是长江三峡开发总公司继世界瞩目的三峡水电站兴建后，在我国兴建的第二大水电站，而且其高拱坝、高水头、高地震带和大型洞室群的开挖等特点，在技术上有非常高的挑战性。

大坝采用混凝土双曲拱坝，坝高276米，是世界上最高大坝。坝顶高程610米，坝顶长度700米；左右两岸布置地下式厂房，各安装9台单机容量77万千瓦的水轮发电机组；工程静态投资约503亿元。其前期准备工程于2003年8月动工，主体工程于2005年正式开工建设，2007年11月份截流，2008年10月开始大坝混凝土浇筑；2013

年7月首批机组发电，计划2015年工程完工。18台77万千瓦发电机组总装机容量1386万千瓦，年平均发电量571.2亿千瓦时，预计建设工期为15年零2个月。

溪洛渡水电站建成后，可增加下游三峡、葛洲坝水电站枯水期电量；可使长江中下游防洪标准进一步提高。溪洛渡水电站大量的优质电能代替火电后，每年可减少燃煤2200万吨，减少二氧化碳排放量约4000万吨，减少二氧化氮排放量48万吨，减少二氧化硫排放量近40万吨。库区生态环境和水土保持措施的落实，将有助于提高区域整体环境水平。溪洛渡工程的兴建，对国家的能源战略调整及实施西部大开发、西电东送，加快推动西南地区水资源优势向经济优势转化，带动金沙江两岸川、滇贫困地区的经济发展，具有十分重要的意义。

总之，溪洛渡水利枢纽的建设，标志着我国水电建设能力又跃上了一个新的台阶。

地势险要的溪洛渡峡谷

溪洛渡水库大坝模型 溪洛渡水电站大坝工程是我国冲击300米级拱坝建设的首批标志性工程之一，也是世界泄洪孔洞最多、尺寸最大的混凝土双曲高拱坝，其基建面高程324.5米，坝顶高程610米，顶拱中心弧长678.65米，最大坝高285.5米，拱冠顶厚14米，底厚64米。坝身设置了7个表孔、8个深孔、10个临时导流底孔。

3. 三门峡水电站

三门峡位于黄河中游下段的干流上，连接豫、晋两省。其右岸为河南省三门峡市湖滨区高庙乡，左岸为山西省平陆县三门乡。此处距离黄河入海口约1027千米。河中石岛屹立，将河流分成三股：鬼门河、神门河与人门河，故名“三门峡”。在三门下游400米处，又有石岛三座，其中有一砥柱石，挺立于黄河惊涛骇浪之中，“中流砥柱”一词即由此而来。

三门峡水电站是黄河干流上兴建的第一座大型水利枢纽。它具有发电、防洪、防凌（冰凌）、灌溉等综合利用效益。原设计正常蓄水位360米，电站装机总容量116万千瓦，多年平均年发电量60亿千瓦时。大坝为混凝土重力坝，最大坝高106米。工程于1957年动工兴建，按正常蓄水位350米施工，相应的初始总库容354亿立方米。

1960 年水库蓄水，1962 年第一台机组试发电。水库蓄水后，由于泥沙淤积，库尾河床抬高，造成上游大量农田淹没并威胁城镇安全。因此，试发电后不久，电站即停止运行。为减缓淤积，保持调节库容，尽可能发挥水库防洪、防凌、灌溉等作用，于 1964 年至 1981 年间，先后两次进行改建。第一次改建，增建 2 条泄洪排沙洞，改建 5 号至 8 号 4 台机组段为泄洪管。第二次改建，打开 1 号至 8 号 8 条施工导流底孔，将其改造为泄流排沙底孔，并将 1 号至 5 号机组的进水口高程降低 13 米，相应改建引水钢管，以实现“蓄清排浑，调水调沙”的运用原则。改建后，电站装机容量降为 25 万千瓦，年发电量为 10.2 亿千瓦时，运用最高水位为 340 米。经多年运行后，泄流排沙底孔因长期运用，泥沙磨蚀严重，于 1985 年又对 1 号至 8 号底孔进行了二期改建，并打开和改建 9 号、10 号施工导流底孔，以扩大枢纽泄流能力。后为进一步提高发电效益，又恢复原 6 号和 7 号机组段，重新安装 2 台单机容量为 7.5 万千瓦的混流式水轮发电机组，使水电站装机容量达到 40 万千瓦，多年平均年发电量达到 13.17 亿千瓦时。

北方的寒冬，河面通常会凝结有厚厚的冰层。开春时冰面融化破裂，于是未融化的冰块便随流水下泻，形成所谓的“凌汛”。下泻的冰块若遇河道狭窄或其他原因而受堵，便会堆积起来，形成冰坝，以致使河水因受阻而猛涨，导致河道溃决，引发水灾。另外，冰凌是固体，对河中的航船和水工建筑都会有很大的破坏作用。

三门峡水电站是目前中国河南省电力系统中仅有的一座大型水电站，对改善电力系统运行具有一定作用。除电站发电外，水库发挥了

挺立于黄河惊涛骇浪之中，有“中流砥柱”之称的砥柱石

防洪、防凌作用。1977 年黄河大水，三门峡入库洪水达 15400 立方米/秒。经水库拦蓄后，出库流量仅为 8900 立方米/秒，削减洪峰 42%。凌汛期，水库可控制下泄流量到 500～200 立方米/秒，最小可到 150 立方米/秒，可减轻下游冰凌灾害。不过三门峡改建后库容减小，汛期水中含有大量泥沙，水轮机部件磨损严重，机组停修时间长，损失大量电能。

三门峡水电站不仅几经改建，而且也是最受人们质疑的水电站。这主要是它筹建于新中国建立初期，当时我国自己的技术能力还比较落后，因此把水电站的设计委托给苏联专家。但苏联专家实际上对黄河的水文地质条件并无深入了解，以致其设计从一开始就受到了我国的一些专家的质疑。

不久前，三门峡水利枢纽再次引起人们的争论，起因是 2003 年 8 月 24 日至 10 月 5 日，渭河流域发生了 50 多年来最为严重的洪灾。

有1080万亩农作物受灾，225万亩农作物绝收。这次洪水造成了多处决口，数十人死亡，515万人受灾，直接经济损失达23亿元。但是这次渭河洪峰仅相当于三、五年一遇的洪水流量，为什么却会造成如此重大的灾害？对此，有关方面认为，这次水灾的原因是三门峡高水位运行的结果，从而导致潼关水位高程居高不下，渭河倒灌，以至于"小水酿大灾"。有些专家认为，三门峡水库建成后取得了很大的效益，但这是以牺牲库区和渭河流域的利益为代价的。渭河变成悬河，主要责任就是三门峡水库。

不管三门峡水电站今后的命运究竟如何，但它所给予我们的教训是十分深刻的。它表明在水库建设之前，必须对当地的水文地质条件作出充分的研究，对可能出现的情况要有充分的了解，并做好积极的应对预案，未雨绸缪，绝不应该急功近利地盲目上马。

4. 新丰江水电站

新丰江水电站是广东省最大的常规水力发电站，位于广东省河源市境内的亚婆山峡谷，在东江支流新丰江上。电站以发电为主，兼有防洪、灌溉、航运、供水、养殖、压咸、旅游等综合效益。水库总容量139亿立方米，库容系数达99%，是已建水库中调节性能最好的一个。通过水库滞洪，可使下游147万亩农田免受洪灾威胁，并能发展电力排灌，增加灌溉面积，还可压退东江下游河口咸潮上涌，改善农田及居民用水，提高下游航运能力。

电站设计装机容量29.25万千瓦（增容改造后现装机容量为31.5万千瓦），在系统中担负调峰、调频任务。大坝为混凝土单支墩大头坝，最大坝高105米，长440米，曾经受6级地震考验而安然无恙。厂房位于河床左侧，安装三台单机容量为7.25万千瓦及一台7.50万千瓦的机组。工程混凝土总量为106万立方米（包括抗震加固的混凝土量），土石方开挖量155万立方米。水库具有多年完全调节性能，总库容138.96亿立方米。通过水库调节，可大大降低东江的洪水灾害。

新丰江水电站从其装机容量、水库大坝等的建设来考核，在全国

各大型水电站中，只不过是刚刚够格的小水电站（我国以装机容量为25万千瓦以上的为大型），而它之所以成为令人瞩目的水电站，是因为它在建成后不久曾引发了一场震级达6级以上的大地震，从而成为人们研究水库地震的重点对象。

新丰江水电站 其大坝坝型为单支墩式大头坝，由19个间距为18米的单支墩大头坝及两岸重力坝段组成整体。最大坝高105米（坝顶高程124米），坝顶长440米。左岸附近开凿一泄洪隧洞（内径为10米）。坝背发电厂房安装水轮机组4台，总装机容量29万千瓦。

新丰江水库大坝工程于1958年7月动工，翌年10月蓄水。蓄水后，这个原本很少发生地震的地区开始出现频繁的轻微地震。随着水库水位上升，地震活动相应加强。从1960年5月开始，不断有有感地震发生。当水位首次接近满库峰高达110.5米时，于1962年3月19日04时18分（北京时间），发生了6.1级地震。地震滞后第一次高水位约半年，震源深度5千米，震中在大坝附近1千米处，震中烈度8度。

你知道吗

震级是地震强度的等级，它取决于地震释放能量的大小。所以一次地震只有一个震级，每增大一级，地震释放的能量约增大33倍。地震烈度则是地震破坏程度的等级。我国将其分为12个等级。一般情况下，震中的破坏程度最大，烈度也最大，然后向周边逐渐降低。所以同一次地震，各地的烈度会不尽相同。

这次地震成为我国截至目前最大的水库地震。极震区长轴约 9 千米，面积约 28 平方千米。极震区内的简陋房舍全部受损，大部分严重破坏或倒塌，地面变形明显，喷沙、冒水和塌方等现象较为严重。

这次地震虽然高达 6.1 级，但幸运的是大坝未遭受明显破坏。这得归功于 1960 年 7 月 18 日大坝附近发生 4.3 级 6 度地震后，有关方面果断决策，按 8 度标准对大坝进行紧急加固。1962 年 3 月 19 日 6.1 级地震发生前，加固工作基本完成。所以主震只造成左右岸段发生裂隙渗水，坝段间接缝止水受损；大坝中部下游的发电厂也局部破损等。

这次地震后，新丰江库区地震活动非常频繁，一个月内发生 3 级和 3 级以上地震 58 次，其中 4.0～4.9 级 9 次。6.1 级地震发生的当月，便发生弱震 17633 次。鉴于当时地震预报水平甚低，在大坝受损和未来地震活动趋势不明的情况下，为确保大坝及下游人民群众的生命财产安全，有关方面决定按设防烈度 10 度对大坝进行第二期加固，为此付出了高昂的经济代价。与此同时，有关部门专门为新丰江水库建立了地震观测网。20 世纪 80 年代初期，地震部门又将其改造成为拥有八个子台的无线遥测地震台网并连续运行至今，成为我国第一个连续稳定运行时间最长的水库诱发地震监测网。

值得注意的是，在 1962 年发生 6.1 级主震 20 余年之后，在新丰江水库水位变化不大的条件下仍有中强余震发生。如 1987 年 9 月 15 日发生的 4.6 级地震，1989 年 11 月 26 日发生在距大坝仅 4.4 千米的 4.5 级地震。专家们认为这些地震是新丰江水库诱发地震序列中的中晚期强震。

新丰江水库地震的研究成果，不仅给我国其他大型水电工程的勘测设计提供了借鉴，而且也为我国地震预测预报和地震成因的研究积累了资料和经验，在国际地震及工程地质学界也具有较大的影响。它使人们更清晰地认识到：在兴建高水头大水库时，如库区地质构造复杂，并有较近期活动断裂分布，应研究产生诱发地震可能性。对产生诱发地震可能性大的水库，应尽量在蓄水前由有关部门设地震台进行

监视，以避免水库诱发地震所带来的危害。

5. 广州抽水蓄能电站

广州抽水蓄能电站是中国第一座也是目前世界上最大的抽水蓄能电站。它位于广州市从化县吕田镇的深山大谷中，距广州市约 100 千米。它是大亚湾核电站的配套工程，是为保证大亚湾核电站的安全经济运行和满足广东电网填谷调峰的需要而兴建的。

前面我们曾经介绍过，所谓抽水蓄能是一种建有上、下两座水库的水力发电方式。两水库之间用压力隧洞或压力水管相连接。当电力系统有剩余电力，处于负荷低谷时，可以利用多余出来的电力从下库抽水储存到上库；而在高峰负荷时，从上库放水至下库以提高发电能力。所以广州抽水蓄能电站也建有上、下两个水库。上水库位于召大水上游的陈禾洞小溪上，下水库位于九曲水上游的小杉盆地，均属流溪河水系。上、下水库间引水距离约 3 千米，水位落差 500 米。电站总投资 65 亿元人民币，分布在 27 平方千米范围，其设施包括上、下水库的拦河坝、引水系统和两个地下厂房等。电站总装机容量 240 万千瓦，装备 8 台 30 万千瓦具有水泵和发电双向调节能力的机组。在同类型电站中是世界上规模最大的。

电站分两期建设，各装机容量 120 万千瓦，其中一期工程 4 台 30 万千瓦机组于 1994 年 3 月全部建成发电；二期工程 1998 年 12 月第一台机组并网运行，2000 年 3 月全部建成投产。整个工程十分宏伟壮观。地下厂房装有引进法国、德国的 8 台单机容量为 30 万千瓦的可逆式水泵水轮发电机组。除机电设备进口外，电站的设计、施工都是我国自行完成的。电站还采用了智能型计算机监控系统，厂房实现无人值班，机组开关可在广州、香港两地遥控。全站职工仅 144 人，是国内装机容量达万千瓦水电站平均用人量的 3%。高科技、现代化程序达世界一流水平。它标志着我国大型抽水蓄能电站的设计施工水平已跨入国际先进行列。

广州抽水蓄能电站的建成，不仅给广东以火电为主的电网带来新的廉价水电，同时还可以为原先电力使用高峰和低谷相差近一倍的广

广州抽水蓄能电站，有上、下两个水库。上、下水库正常蓄水位分别为 810 米和 283 米，库容分别为 1700 万立方米和 1750 万立方米。大坝均采用钢筋混凝土面板堆石坝，坝顶高程分别为 813 米和 286.3 米，坝轴线处最大坝高分别为 60 米和 37 米，坝顶宽 8 米。

东电网及九龙电网每小时提供 200 多万千瓦的调节能力。这不仅结束了广东电网过去因电网容量不足而“拉闸限电”的历史，而且在与火电和大亚湾核电配合运行后，可节省火电机组低出力运行时的高燃料消耗和机组起停时额外的燃料消耗，减少火电机组的起停次数；也可使核电机组平稳运行，有效地达到了填谷调峰的作用；还可防止用电淡季容量过高造成的电网运行不安全。

其中典型的例子是：1996 年 2 月 19 日，正是春节，全国人民都沉浸在合家团聚的欢乐之中，此时的广东电网负荷为 237 万千瓦，在这种情况下，电网中的一台机组突然出现故障，甩负荷，电网频率急剧下降，有瓦解的可能。情况紧急，广东电网调度中心立即发出一条指令，让广州抽水蓄能电站的 1 号蓄能机组由水泵抽水的工作状态，进入发电的工作状态，同时又启动了 2 号、3 号蓄能机组，让其也进

广州抽水蓄能电站的上水库。这里有着奇特的高山气候，气温平均比山下低5℃，是夏天的避暑胜地。整个景区以原始次森林为主，群山环绕，空气清新，负氧离子含量高，绿化覆盖率达90%以上。

入发电的工作状态。这样不但使广东电网避免了瓦解，而且保证了安全运行。在这次事故中，广州抽水蓄能电站使电网有惊无险，为电网的安全运行立下了不可磨灭的功劳！而这还是在电站尚未全部竣工时实现的，由此可见它在电网安全运行方面所具有的举足轻重的地位。

广州抽水蓄能电站的建成还给广州带来了新的旅游景点。目前它已成为全国工业旅游示范点，广东省唯一的高科技旅游景区。在这里，游人可以乘坐专车通过约10千米的盘山公路爬上海拔800多米的上水库，欣赏蓝色透明的湖水和天空、逶迤的群山，以及错落有致地散布在其中的亭台楼榭，巧妙相连的条条曲径。水库周围还植有上百万棵的各种树木和85万平方米的草坪，让上、下水库宛如两块翡翠镶嵌在群山之中。这使游客在参观高科技受到知识启迪之余，又能享受到大自然清新气息的熏陶。

第四章 潮汐发电

4

到过海边，观看过海潮的人一定都不会忘记，那汹涌澎湃的海潮所蕴藏的威力。那翻江倒海的滔天巨浪就像无数巨型的大炮在轰鸣、肆虐，荡涤着阻挡它的一切。人们曾经观察到重达 1370 吨的混凝土块，在浪潮的推力下瞬间移动了十多米。

驯服海潮，利用这不可一世的海潮之力，是人们千百年来的梦想。

2005 年 9 月 6 日海宁丁桥，突涌而来的潮柱如原子弹爆炸那般凶猛。

第一节　潮汐能的来源

一千多年前唐代著名诗人李白在观赏钱江潮时，曾写下《横江词》:“海神东过恶风回，浪打天门石壁开。浙江八月何如此？涛如连山喷雪来。”

那么为什么浙江八月会有如此“涛如连山喷雪来”的大潮呢？

原来潮汐是海洋中最常见的一种自然现象，是海水受到月球和太阳吸引的共同结果。

潮水掀起的滔天巨浪

我国古代地理著作《山海经》中就曾经提到潮汐与月球的关系。东汉时期的著名学者王充在他所著的《论衡》一书中更明确指出："涛之起也，随月升衰。"但是直到 17 世纪牛顿发现了万有引力定律，法国科学家拉普拉斯才从数学上证明潮汐现象确实是由太阳和月亮，主要是由月亮的引力造成的。

不过，导致潮汐产生的作用力并不仅仅来自月球和太阳的引力，它还与天体之间相互绕转产生的离心力有关，是两者的合力共同作用的结果。这个合力被人们称为"引潮力"。引力和离心力，对于整个天体来说，二者是保持平衡的。比如地球和月球，月球在绕着地球旋转，它们两者之间受到引力的互相吸引。可是为什么月球受到地球的吸引却不会落到地球上来呢？就是由于它在绕转的同时产生了一定的离心力；而这个离心力正好等于地球对它的引力，但力的方向相反。于是这相等的两种力同时作用的结果便保持了平衡，才使月球既不飞走也不会坠落到地球上来，维持其按一定规律绕转的运动状态。

引力和离心力，对于整个天体来说，虽然说是保持平衡的，但是对于天体上的每一个质点（位于天体中心的质点除外）来说，二者则是不平衡的。譬如大家知道，我们的地球是一个平均直径达 6371 千米的天体，位于正对月球的那个质点，显然就要比位于远离月球的质点所受的引力要大。而相对于月球来说地球几乎是静止的，所产生的离心力微乎其微，因此不同地点的质点所接受的离心力则更是微不足道的。于是便产生了各质点之间的引力与离心力的不平衡。正是这种不平衡，才是产生引潮力的根本原因。

引潮力既来自月球也来自太阳。尽管庞大的太阳对地球的引力远比月球大得多，但地球是在绕太阳旋转的，由此而产生的离心力也很大，加之太阳离地球也比月球远得多（日地间的平均距离是月地间平均距离的 389 倍），所以由太阳产生的引潮力就比月球的引潮力小得多，大致只有月球引潮力的 1/2.17。换句话说，如果潮水的高度是 10 米多，那么其中 6 米多是月球引起的，太阳的贡献只有 3 米多，还有不足 0.6 毫米来自地球的近邻行星。

太阳的引潮力虽然不算太大，但还是能影响潮汐的大小。有时它和月球引力形成合力，相得益彰，有时是斥力，相互牵制抵消。在新月或满月时，太阳和月球处在同一方向的位置上，或者正相反的方向上，就使它们产生的引力互相叠加，从而导致了高潮的产生；但在月亮上弦或下弦时，月球与太阳的位置处于直角状态，致使它们不仅各自为政，甚至有所抵消，于是便形成低潮。这样的周期约半个月。从一年看来，也同样有高低潮两次。春分和秋分时，如果地球、月球和太阳几乎在同一线上，这时引潮力比其他各月都大，造成一年中春、秋两次高潮。此外，潮汐与月球和太阳离地球的远近也有关系。月球的公转轨道是个椭圆，大约每 27.55 天靠近地球和远离地球一次，近地潮要比远地潮大 39%。当近地潮与高潮重合时，潮差就特别大；若远地潮与低潮重合时，潮差就特别小。地球围绕太阳的公转轨道也是个椭圆，在近日点太阳引力大，潮汐强；在远日点引力小，潮汐也弱。

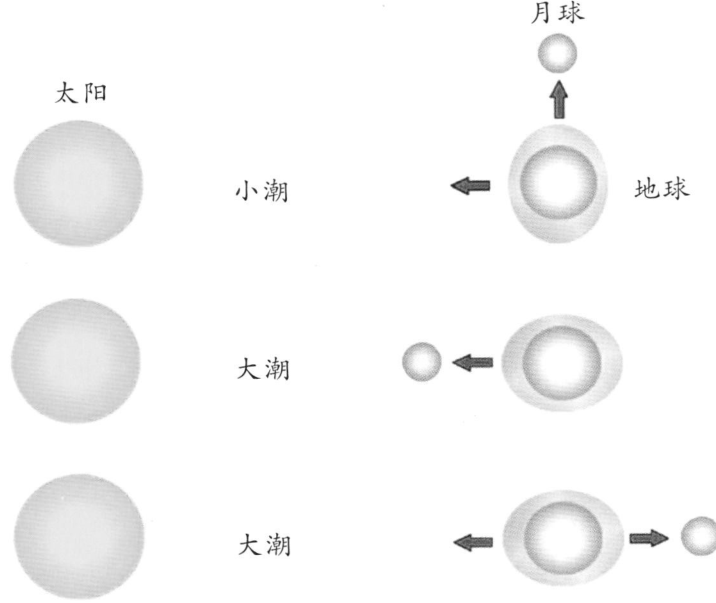

**由于太阳、月球和地球相对
位置的变化而造成的大潮、小潮示意图**

另外，海水是一种可以流动的液态物质，因此具体到某一地方来说，在所受的引潮力相同时，还会因当地海陆分布的状态、海洋的深度、海岸的形状等因素的影响，使得不同地方会产生不同高度的潮汐。著名的钱塘江潮就是由于地处具有明显喇叭状形态的杭州湾，使来自喇叭口本已汹涌的海潮，因受到骤然变窄的地形的挟制，便互相推挤、叠加，形成了最大潮差可达 10 米的旷世奇观。

引潮力不仅会在地球上产生海潮，还会引起"大气潮"。但是大气潮远没有海潮这样惊天动地、气势磅礴。还因为经常受到风向的干扰，而使我们很难觉察到。除此之外，引潮力还会使地球的本体，包括地表（大陆和海洋底以下各部分）产生潮汐，这种潮汐称为"固体潮"。固体潮引起地表的起伏很小，只有用精密的仪器才能测出来。近代的一些研究使人们注意到，固体潮的产生每每会成为一些地震的诱因。

力的作用总是相对的，有作用力便有反作用力。月球对地球有引潮力，反过来，地球对月球同样也有引潮力。按理说，地球的质量比月球大 80 多倍，地球对月球的引潮力应是月球对地球引潮力的 20 多倍，然而，由于月球上没有水，因此地球的引潮力无法在月面上"兴风作浪"，但对月球的自转却起到了一定的"刹车"作用，使月球的自转逐渐变得与地球的自转同步，变成一颗老是以相同的一面对着地球的卫星。同样月球也通过与此相同的潮汐摩擦作用使地球自转逐渐变慢，使每日的时间变长，同时地月之间的距离也变大、拉长。

综上所述，我们可以知道引潮力是自然界中的一种十分神奇的力量，它不仅可以掀起汹涌澎湃的海潮，甚至还会影响地球的自转；它还是一种取之不尽、用之不竭的能源，显然只要月球、太阳和地球三者的关系没有发生变化，它们所产生的引潮力也永远不会改变。因此如何利用好这无穷无尽的力量，在当今人们面临能源危机的时候就显得格外重要。

你知道吗

近代的实测结果证实，在潮汐摩擦力的作用下，地球的自转速度大约每百年要慢1～2毫秒。另外，通过对古生物的研究，人们也发现，在远古时期，地球具有比现在快得多的自转速度。在5亿年前，地球自转一圈只要21.26小时，而不是现在的24小时。

洛阳桥 1000年前利用海潮建成的福建泉州洛阳桥，原名万安桥，为跨海古石桥，位于洛江区桥南与惠安县洛阳镇之间的海面上，是泉州北上福州的交通要冲。北宋皇祐年间（1049～1054年），蔡襄任泉州郡守时倡导兴建的，是我国古代第一座跨海巨型石梁桥。建桥时，潮狂水急，“水阔五里”“深不可测”，桥基屡被摧毁。造桥工匠不仅创造了一种直到近代才被人们认识的新型桥基——“筏形基础”，而且还创造了“浮运架桥”法，利用海潮的涨落，“激浪以涨舟，悬机以弦”，把一条条重达数吨的巨大石板牵引就位，架在桥梁上。此法至今仍为桥梁建筑工程中广泛应用的施工技术之一。

珊瑚的化石表明地球的一天在逐渐延长。人们发现：一些生物，如珊瑚等会因一日之间阳光、温度、食物来源的周期性变化，而表现出日复一日的生长纹层。同样，它们也会因一年中日光强度、气温和食物链的变化，而产生反映年生长周期的年轮，以及反映月相变化的月生长纹层。对这些纹层精细统计研究，使人们发现5亿年前，地球上的一天是21.26小时；3.45亿年前地球上的一天是22.1小时；2.8亿年前则是22.4小时。

第二节　潮汐能电站

潮汐具有取之不尽、用之不竭的巨大能量，如何合理利用这一天赐瑰宝，一直是人们千百年来孜孜以求渴望解决的课题。大家知道，自古以来，人们就曾利用潮汐来为人类的航海、捕捞和晒盐提供帮助。但这种利用显然只是一种低水平的简单的直接利用，它只能局限于水域，无法为内陆和人类其他更多更大规模的活动提供帮助。因此如果我们想充分利用这一宝贵的自然资源，最佳方案就是把它转变成为可传送到万里之遥和可应用于各种领域的电能。

20世纪初，欧美一些国家开始研究潮汐发电。1912年德国率先建成世界上第一座实验性潮汐电站——布苏姆电站。但后来由于第二次世界大战等原因，使潮汐发电长期停留在探索阶段。1958年，我

莺歌海盐场位于海南岛乐东县，面临大海，是一个依靠海潮提供的海水来进行晒盐的盐场，总面积3793公顷，年产盐量达25万吨，最高30万吨。

国建造了四十多座规模在几十千瓦到一百多千瓦的“土潮汐电站”，20世纪70年代又再建了十多座潮汐电站。但后来终因技术上不够成熟、效率低下等原因，被迫废弃。第一座真正具有商业实用价值的潮汐电站是1966年建成的法国郎斯电站。电站位于法国圣马洛湾郎斯河口。郎斯河口最大潮差（指高潮位与低潮位之差）13.4米，平均潮差8米。电站总装机容量24万千瓦，年发电量5亿多千瓦时，从而正式拉开了世界潮汐电站建设的序幕。稍后，1968年，苏联也在其北方摩尔曼斯克附近的基斯拉雅湾建成了一座只有800千瓦的试验性潮汐电站。1980年，加拿大在芬地湾兴建了一座2万千瓦的中间试验性潮汐电站。

潮汐发电的本质就是利用水力来发电，和普通水电站不同的仅仅是水的来源不同。它不是依靠拦河筑坝形成水库来发电，而是在潮差大的海岸筑坝修建海岸水库，然后依靠潮汐的涨落，对海岸水库充水和放水，并借此来推动水轮机发电。目前被人们采用的潮汐发电，按其方式可分为三种：一种是所谓“单库单向式”。这种发电站是选择有利的海湾或河口，筑坝建造水库。涨潮时，让水库充满海水，落潮时放出水库中的水，并让放出的水推动水轮机发电。另一种是“单库双向式”。这一方法比第一种更先进更有效率。它不仅在落潮时海水退出水库时，能用于发电，就是在海水因涨潮而进入水库时，也能用

法国朗斯电站远眺 该电站位于圣马洛市附近，建在注入拉芒什海峡（即英吉利海峡）的朗斯河口。那里地形奇特，河口处狭窄，为潮汐能的聚集创造了良好条件。为建造这座电站，法国政府进行了25年的研究和设计。1961年年初开始破土动工，1966年第一台机组发电。1967年年底，总装机容量达240万千瓦的24台机组全部投入使用。当时的法国总统戴高乐将军曾前往主持落成典礼。电站大坝长750米，围成的水库呈狭长状，有效蓄水量为84亿立方米。大坝的东段安装着6个巨大的阀门，涨潮时，进水量达9600立方米/秒。大坝中段长390米，是电站的主要部分，安装着24台各10万千瓦的涡轮发电机组以及变压器和控制室。这种球形涡轮发电机在涨潮、退潮时都可运转发电，而且在大坝两岸水位持平时，还可用潮汐发的电来抽水增大库容，以便增大落差，发出更多的电，而电站全部工作人员只有55人。

于推动水轮机发电。这就使发电不至于因为潮汐的涨落而停顿，提高了工作效率。法国的朗斯电站就属于这种类型。这种单库双向式潮汐电站虽然涨落潮都能发电，但在库内外水位持平时，就不得不停止工作。因此为了克服这一缺陷，人们又设计出第三种潮汐电站，即“双库双向式”电站。这种电站建有两个相邻的水库，水轮发电机组放在两个水库之间的隔坝内。一个水库只在涨潮时进水（高水位库），一个水库（低水位库）只在落潮时泄水；两个水库之间始终保持有水位差，因此可以全日发电。

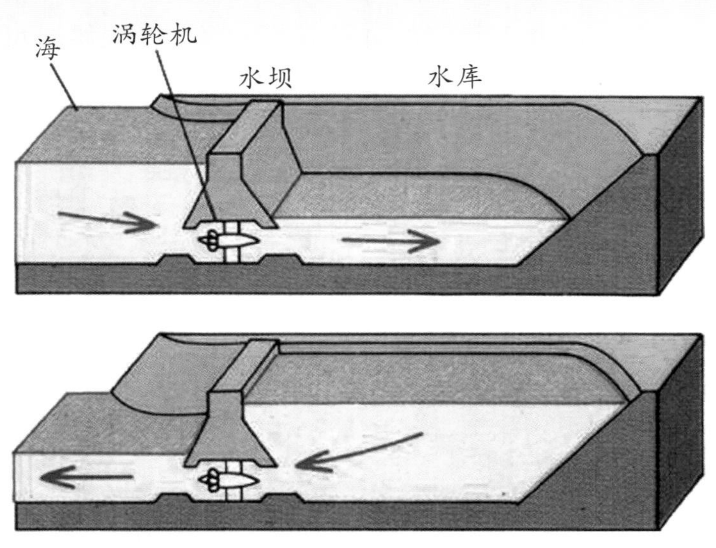

"双库双向式"潮汐电站示意图

到目前为止，由于常规电站廉价电费的竞争，建成投产的商业用潮汐电站还不多。但潮汐能蕴藏量巨大，潮汐发电又有许多优点，所以人们还是非常重视对潮汐发电的研究和试验。

潮汐发电的优点大致可归纳为以下六点：

第一，潮汐能是一种清洁、不污染环境、不影响生态平衡的可再生能源。潮水每日涨落，周而复始，取之不尽，用之不竭。它完全可以发展成为沿海地区生活、生产和国防需要的重要补充能源。

潮汐能发电机　上图为在制造厂里的水轮机部件　右图为安装在海水中的水轮机

第二，它是一种相对稳定的可靠能源，很少受气候、水文等自然因素的影响，全年总发电量稳定，不存在丰水年、枯水年和丰水期、枯水期的影响。

第三，建设潮汐电站水库不会淹没大量农田，也不存在人口迁移等复杂问题。而且可用拦海大坝，促淤围垦大片海涂地，把水产养殖、水利、海洋化工、交通运输结合起来，大搞综合利用。这对于人多地少、农田非常宝贵的沿海地区，更是个突出的优点。

第四，潮汐电站不需筑高水坝，即使发生战争或地震等自然灾害，水坝受到破坏，也不至于对下游城市、农田、人民生命财产等造成严重灾害。

第五，利用潮汐能还能做到，在开发一次能源的同时，与二次能源的开发结合起来。它不用燃料，不受一次能源价格的影响，而且运行费用低，是一种经济能源。但也和河川水电站一样，存在一次投资大、发电成本低的特点。

第六，可安装的机组台数多，不用设置备用机组。

潮汐发电的缺点如下：

第一，潮差和水头在一日内经常变化，在无特殊调节措施时，出力有间歇性，给用户带来不便。但可按潮汐预报提前制定运行计划，与大电网并网运行，以克服其间歇性。

第二，潮汐存在半月变化，潮差可相差两倍，导致装机的年利用小时数降低。

第三，潮汐电站建在港湾海口，通常水深坝长，施工、地基处理及防淤等问题较困难。故土建和机电投资大，造价较高。

第四，潮汐电站是低水头、大流量的发电形式。涨落潮时水流方向相反，故水轮机体积大，耗钢量多，进出水建筑物结构复杂；而且因浸泡在海水中，海水、海生物对金属结构物和海工建筑物有腐蚀和沾污作用，故需作特殊的防腐和防海生物黏附处理。

你知道吗

位于水下的水工建筑物在海洋环境中易受到腐蚀。这是因为海水含盐度高，本身就是一种强的腐蚀介质；同时海浪、潮流又对这些构件产生低频往复振荡的冲击，加上海洋微生物、附着生物及它们的代谢产物等，都会对腐蚀过程产生直接或间接的加速作用。

第五，潮汐变化周期反映的是月球运行规律的太阴日（24 小时 50 分），月循环为 14 天多，每天高潮落后约 50 分。这与人们习用的太阳日（即通常我们所说的一天）不相吻合。从而导致与按太阳日给出的日需电负荷图在配合上存在一定的不协调性。

潮汐发电虽然存在以上不足之处，但随着现代技术水平的不断提高，是可以得到改善的。如采用双向或多水库发电、利用抽水蓄能、纳入电网调节等措施，可以弥补第一个缺点；采用现代化浮运沉箱进行施工，可以节约土建投资；应用不锈钢制作机组，选用乙烯树脂系列涂料，再采用阴极保护，可克服海水的腐蚀及海生物的黏附等。

据海洋学家计算，世界上潮汐能发电的资源量在 30 亿千瓦以上，是一个十分庞大的数字。目前世界上适于建设潮汐电站的二十几处地方，都在研究、设计建设潮汐电站。其中包括美国阿拉斯加州的库克湾、加拿大芬地湾、英国塞文河口、阿根廷圣约瑟湾、澳大利亚达尔文范迪门湾、印度坎贝河口、俄罗斯远东鄂霍茨克海品仁湾、韩国仁川湾等地。随着技术的进步，潮汐发电成本的不断降低，相信将不断会有大型现代潮汐电站建成使用。

第三节　我国的潮汐能电站

我国潮汐能的开发始于20世纪50年代，1957年在山东建成了第一座潮汐发电站。1958年10月，全国潮汐发电会议在上海召开。在会议的推动下，沿海各省掀起了一股开发潮汐能的热潮，在短短几个月的时间里，从广东到山东沿海地区建成了一批（约40余座）小型潮汐电站，总装机容量达583千瓦。浙江省在这一时期也建成了几座小型潮汐电站，至今有据可查的有汛桥（临海）、沙山（温岭）、清江渡（乐清）、双合（岱山）和铜盆铺（鄞县）5座潮汐电站。这批电站装机规模均很小（一般几十千瓦），机电设备简陋，水轮机转轮为木制的，发电机多为感应电动机改装，其中长期运行的仅有沙山潮汐电站。

1972年3月，国家计委批准筹建江厦潮汐试验电站工程，并列为国家重点科研项目。次年4月，试验电站工程在温岭县地方在建的七一塘围垦工程的基础上开工建设，至1978年土建工程竣工。在这一时期，浙江省除开始研建江厦潮汐试验电站外，沿海各县还先后建成一批小型潮汐电站，它们是象山县的高塘、岳浦、吉港、兵营，玉环县的海山和洞头县的北沙。这批电站多数建在当时大电网未覆盖的孤岛和边远沿海地区，装机规模都在150千瓦以上。这些电站由于建站前对自然环境条件调查不充分，论证不足，建站后又出现库区泥沙淤积严重，水轮机等设备简陋、质量低劣，对海水腐蚀、海生物污损也没有采取有效措施，更没有处理好电站与排灌、通航的矛盾，以及对间隙性潮电未能采取补救措施，用户感觉到使用不便等问题，从而

导致这些电站在建成后不久就陆续关闭废弃，仅玉环县的海山电站还维持正常运行。

1980 年 5 月底，江厦潮汐试验电站经过近 7 年的建设，第一台由我国自行研究设计制造的 500 千瓦灯泡型贯流式双向潮汐水轮发电机组试运行成功。1983 年，原国家科委将江厦潮汐试验电站的研建列为国家“六五”重点科技攻关项目。1985 年 12 月，江厦潮汐试验电站 5 台机组全部投产发电，总装机容量为 3200 千瓦，设计年发电量为 997 万千瓦时。

江厦潮汐电站远眺

江厦潮汐试验电站是以国家重点科技攻关成果来建成的我国最大、最先进的潮汐电站。它是一座“单库双向”式潮汐电站，其装机容量位居国内第一、世界第三。1986～1999 年 14 年共发电 8198 万千瓦时，上网电量共 7457.84 万千瓦时，电费总收入为 1790.91 万元。

江厦潮汐试验电站不仅取得良好的直接经济效益，而且还有良好的其他附加效益。库区内围垦土地 5600 亩，其中可耕地 4700 亩。据温岭市江厦乡政府提供的资料，库区围垦的这些土地，可用于种植（主要种植水稻、棉花等农作物和柑橘、柚子等水果），1999 年产值约 409.6 万元，净收入约 110.6 万元；又利用库区近岸水域围塘搞立体水产养殖（主要品种有对虾、青蟹、蛏、花蚶、泥螺等），1999 年

产值约1985.4万元，净收入约400万元；利用库区滩涂和水面开展贝类甲壳类养殖和网箱养鱼（主要品种有虾、蟹、蚶、蛏和鲈鱼、大黄鱼、欧洲鳗等），1999年产值约1285万元，净收入约265万元。故仅1999年以上三项总产值就达3680万元，净收入为775.6万元。

此外，电站的社会效益也十分可观，主要表现如下：

（1）创工业产值

浙江省仅江厦和海山两电站，1986～1999年共发电约8500万千瓦时，按当地单位电能工业产值每度10元计，则潮汐电站已创工业产值8.5亿元。

（2）节约发电用煤

按每千瓦时电能煤耗350克标煤计，全省潮汐电能14年为国家节约发电消耗标煤3.06万吨，平均每年为国家节约发电消耗标煤2185吨以上，共节约燃料费1200万元以上，平均每年近90万元。

（3）培养了一批潮汐能开发人才

浙江省通过40多年的潮汐能开发，特别是江厦潮汐电站的研建、运行管理和20世纪80年代至90年代的潮汐能开发规划设计研究，为本省培养和锻炼了一批潮汐能开发利用方面从事规划选点、勘测设计和研究、设备制造和施工及运行管理的专业人才，也为全省今后潮汐能开发做好了技术和人才储备。

（4）扩大了影响，提高了知名度

江厦潮汐电站目前仍是我国最大、最先进的潮汐电站，曾获得1987年国家科技进步二等奖，故时常被媒体关注。国内海洋能专家经常将有关该站的研究成果在国际上传播，已广为世人所知，不仅国家领导人和有关部委领导及国内专家前往视察参观，还有国外专家慕名而至，并对中国在潮汐能开发利用方面所取得的成就大加赞扬。

海山电站还因其创造了独特的双库全潮蓄能发电形式，而获得联合国技术信息促进系统中国国家分部颁发的“发明创新科技之星奖”。

（5）其他效益

江厦水库大坝便利了海湾两岸的交通。海山电站的泄水渠已成为

本岛的小型交通运输船的码头等。

（6）生态环境效益

按每年平均发电 620 万千瓦时计算，相当于每年因燃煤的减少而减少向大气排放二氧化碳（CO_2）7200 吨、氧化硫（SO_x）50 吨、氧化氮（NO_x）31 吨、粉尘 310 吨，从而大大地优化了电站周围的生态环境。正如俄罗斯潮汐发电专家所说："中国的江厦潮汐电站在目前世界上运行的潮汐电站中，其生态效果是独特的。根据生态条件所采取的运行调节（库水位不会高出平均水位 1.5 米）措施，虽然损失了电能指标，但保证了大面积的海涂变成稻田和果园，再加上渔业（大量养殖海虾和贝类），使电站所在地区的生活水平提高，形成了一个优美的乡镇。"江厦潮汐试验电站不仅是我国最早建成的可再生能源利用的实用基地，而且也必将会成为我国发展循环经济、建设资源节约型社会的示范基地。目前，江厦潮汐试验电站也已经被浙江省有关部门列为青少年科普教育基地。

不过，江厦潮汐电站也存在一些有待解决的问题。

首先，在技术方面，浙江省潮汐能的利用虽经过了 40 多年的实践，特别是江厦潮汐试验电站的研建，在科学技术上取得了很大进步，也积累了很多经验与教训，为今后开发万千瓦级以上潮汐电站奠定了基础。但也由于受到当时历史条件的限制，在技术上还存在很多不足，尚需加强研究。另外，为适应研建万千瓦级电站的要求，迫切需要加强超低水头大容量水轮发电机组的研制。

其次，电站虽然总的说来取得了良好的综合效益，但反映在电站本身的收益上，却存在经济效益低下的现象。究其原因主要有：

（1）潮汐能量密度低，造价高，发电量少。

（2）检修时间长，设备可利用率低（与防腐、防污损不到位有关），从而也影响到发电量。如江厦潮汐试验电站停机检修时间最长曾达 550 天/台（1993 年），平均每台机组检修时间为 3.7 个月。1996 年停机检修时间最短为 220 天/台，平均每台检修时间为 1.5 个月，年平均检修时间为每年每台 2.6 个月。

(3) 江厦电站库区围垦土地种植和滩涂、水面综合利用与电站分属不同部门管理，实行独立核算，从而使电站失去了一条创收的途径。

(4) 电站运行自动化程度低、职工多、负担重。江厦电站每兆瓦(1兆瓦=1000千瓦)装机容量拥有职工人数超过28人，而法国朗斯站每兆瓦仅为0.25人。1999年江厦电站仅职工工资、福利等费用就达300多万元，占生产性开支的一半，仅此一项便使每千瓦时电能成本增加0.5元以上。

(5) 政府缺乏对可再生能源，特别是潮汐能资源开发利用的激励政策和优惠措施。

综上所述，我国的潮汐能开发利用已有了一个良好的开端。在目前世界潮汐能发电量方面仅次于法国、加拿大，位居世界第三。但与我国所拥有的可利用的潮汐能来说，显然是微不足道的（人们估算我国潮汐能蕴藏量为1.1亿千瓦，可开发利用量约2100万千瓦，每年可发电580亿千瓦时）。可喜的是，人们已在加快开发的步伐。2008年，福建八尺门潮汐能发电项目正式启动；2009年5月，浙江三门2万千瓦潮汐电站工程启动。相信不久的将来，我国沿海必将不断地有更多、更大的潮汐电站建成。

你知道吗

八尺门潮汐电站位于福建省宁德福鼎沙埕港末端，距福鼎市区10千米，距沙埕港口门33千米。坝址位于峡谷的口门处，平均潮差4.72米，最大潮差7.82米，高潮位时坝址水面宽约248米，最大水深28米，平均高潮位时水库面积为19.8平方千米，有效库容7520万立方米；装机容量2.4万千瓦，预计年发电量1亿千瓦时。同时具备库区养殖等综合效益。

第四节 新式的潮汐能电站

世界上现在所有的潮汐发电站尽管能利用潮汐能，但普遍存在一个缺点，即必须选择有港湾的地方修建潮汐蓄水坝。这种蓄水坝不仅造价昂贵，而且会破坏河流及海岸附近的生态平衡，损害自然环境。因此人们一直渴望寻找一种既能利用潮汐能，又经济、环保的新方法。在这方面，挪威人走在了前面，他们开发出了一种不需要建造昂贵大坝就可以利用潮汐能的新方法。他们在位于挪威最北端的哈默菲斯特镇，开始了新式潮汐发电的试验。哈默菲斯特是世界上距离北极最近的城镇，所以这里每年只有 2 个月的时间有充足的阳光，无法开发利用太阳能；而风能的利用也受到成本过高的限制，从而促使人们努力探索新的潮汐能开发技术。

这一新方法是把造价不高的发电涡轮机（即水轮机）安装在海面之下的海床上。这种水下涡轮机类似于水下的风车，发电装置则被固定在位于海底的 20 米高的钢柱顶端，当海潮流过时，直径为 10 米的叶片就会随之转动，从而产生电能。涡轮机还设计有自动调向功能。当水流改变方向时，这些涡轮机便能够自动调整方向，把涡轮机的叶片正好对准潮汐流来的方向。每台涡轮机的功率为 300 千瓦，可供位于哈默菲斯特的 30 个挪威家庭使用。尽管这种发电机还只是原型机，但开发商决定在哈默菲斯特的海岸再建 20 个这样的发电机。这样，这个小发电站发出的电就可供 1000 多个家庭使用。另外，设计人员还希望能用一年的时间开发出第二代发电机，并在两年内大批量生产。他们说这样做不会破坏河流及海岸附近的生态平衡。因为在海床上竖起发电涡轮机，既不会产生什么声音，也不影响人们的视线，各种鱼类仍然可以在涡轮附近自由自在地游动。而且只要涡轮机的位置安放合适，也不会影响过往船只的正常通行。人们估计，第一期工程竣工后，这个发电站总共要投资 5000 万挪威克朗（合 670 万美元）。全部工程竣工后，所有的投资金额将达到 1 亿挪威克朗。目前，这一水下潮汐电站已开始试运行。所有潮汐涡轮机总重量达 200 吨。一般来说，这些涡轮机三年内不用做专门的保养，如果真出什么故障的话，会潜水的维修人员届时会下水维修。

但人们也指出，维修和保养可能会成为哈默菲斯特潮汐电站将来遇到的一个棘手问题。因为能够发电的海水下面，水流的强度很大，技术人员潜入水下时，谁也无法保证潮汐会减缓速度，这会使潜水员难以顺利进行工作。因此，维修将变得十分困难。针对这一问题，设在英国境内的海流涡轮机集团公司，计划在英国南部的德文附近海岸试验另一套类似的潮汐发电系统。他们还专门设计了一种可升出水面的涡轮机，以便于维修人员进行维修。

除英国外，据说澳大利亚也在试验类似的水下潮汐发电技术。可以相信，随着时间的推移，这种比传统利用蓄水大坝的潮汐电站更有优势的水下潮汐发电站，一定会成为潮汐能利用的新趋势。

第五章
海浪发电

一百多年前，曾被恩格斯赞誉为“第一次把理性带进地质学中”的著名英国地质学家赖尔（1797～1875），在详细观察英格兰大西洋沿海的海岬和礁石后，曾经这样写道：“大西洋的海水被冬季的强风所激动的时候，很像真的排炮那样，用全部力量向那些壁垒（指岸边的岩壁）轰击……在它的不断攻击下，波浪硬是在岩石之中，冲出了一个个缺口。”

是的，波浪的威力是非常巨大的，把它形象地比喻为“排炮”是一点也不为过。到过礁石遍布的海边的人，一定都会注意到那形态峥嵘、凹凸崎岖、错乱杂布的礁石。而它们正是岸边的岩壁在海浪的不断轰击下，崩解破碎后的产物。

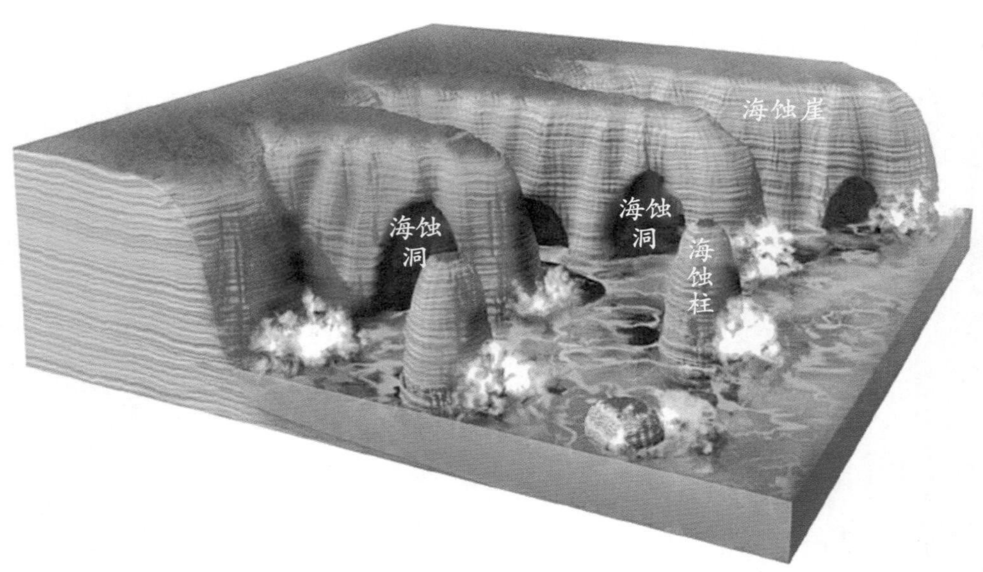

典型的海蚀地貌示意图 这些被称为“海蚀崖”“海蚀洞”“海蚀柱”的地貌是波浪长期侵袭的产物。

第一节　巨大的海浪能

其实，波浪的威力对于每个航海者或生长在海边的人来说都应该难以忘却。在人类的历史上，因滔天巨浪而船翻舟倾的海难事故可说多如牛毛，数不胜数。第二次世界大战中，英美海军在诺曼底登陆，就曾因一次不大的风暴损失了700艘登陆艇。而这显然都只是波浪能威力的一个微小缩影而已。我国水下考古人员在南海发现了被称为“南海一号”的距今约800年的宋代古沉船，显然也是海浪肆虐的牺牲品。

左图为正被起吊出水的“南海一号”。右图为“南海一号”复原图（“南海一号”本是一艘满载着6万多件高档货物，航行在古代海上丝绸路上的长30.4米、宽9.8米的三帆大船，不幸被海浪颠覆而沉没）。

大家知道，波浪是海水的运动形式之一。它的产生是外力（如风、大气压力的变化、天体的引潮力等）、重力与海水表面张力共同作用的结果。

当海水处于静止状态时，海水质点所处的位置叫平衡位置。一旦由于海水的运动，这些质点离开了它原先的平衡位置，就会产生位能（即因位置变化而产生的能量之称），即它们都有恢复到原来位置的能力，因此便在平衡位置附近做周期性的振动，并通常表现为波动。这些波动，波形高出静止水面部分的最高点叫波峰，低于静止水面部分的最低点叫波谷。两个相邻波峰或相邻波谷之间的水平距离，叫波长。从波峰到波谷之间的垂直距离，叫波高。波高的一半叫振幅。从一个波峰（或波谷）到下一个波峰（或波谷）出现的时间间隔，叫周期。波浪能的大小与波高、周期有关，波浪的波高和周期则又与该波浪形成地点的地理位置、常年风向、风力、潮汐时间、海水深度、海床形状、海床坡度等因素有关。

海浪一般又可分为风浪、涌浪和近岸浪。风浪是在风的直接作用下产生的。俗话说“无风不起浪”，指的就是风浪。风浪是海浪的最主要组成，它是一种海水表面的波动。它的特点是波峰有些尖削，波峰的连线——波峰线较短。在风浪形成之初，从远处看海面像鱼鳞状。风稍大时，波峰常出现破碎的浪花。在某一定范围内，风速风向基本相同的风，在海面上可以大致划出一个区域，叫风区。风区小，产生的风浪小；风区大，产生的风浪也就大；在风区的开头，风浪通常比较小；风区的末尾，风浪则特别大。在辽阔的海洋里，风速愈大，风吹的时间（风时）愈长，风浪也愈大。所以风速、风时、风区是决定风浪大小的三个要素。

风浪源于风的吹袭，但是在有些海域也常常会“无风三尺浪”，这种浪便被称为涌浪。涌浪实际上是某个风区的风浪向外传递出来的产物。此外，风区内一旦风向改变或风力平息后遗留下来的波浪也叫涌浪。所以涌浪的波高一般都比较小，波长则比较长。换言之，它所拥有的能量也比较小。

风浪和涌浪传到海岸附近，由于环境条件和外海不同，就会发生一系列变化。就像光波和声波遇到障碍物会发生折射和反射一样，传输到近岸的风浪和涌浪也会因水深变浅，以及礁石、岩壁等的存在而

风浪 当风把它的能量传递给海水时，便形成了风浪。所以风浪的大小与风的强弱有着直接的关系。大的风浪其波高可高达 10 多米，甚至更高。这就是人们所说的“巨浪如山”。

发生折返。这些折返的海浪与继续传输过来的海浪必然会迎面相撞，互相叠加，以至于显示出具有更高波高的巨浪，这就是所谓的近岸浪。近岸浪的威力大，所以也拥有更大的能量。

据有关专家的计算，世界海洋中的波浪能的蕴藏量达 700 亿千瓦，占全部海洋能量的 94%，是各种海洋能源中的“首户”。其中，人们估计全世界沿海岸线由近岸浪所拥有的能量可达 27 亿千瓦，技术上可利用的则约为 10 亿千瓦。

我国陆地海岸线长达 18000 多千米、大小岛屿 6960 多个。根据海洋观测资料统计，沿海海域年平均波高在 2.0 米左右，波浪周期平均 6 秒左右。台湾、福建、浙江、广东等沿海沿岸波浪能的密度可达每米 5～8 千瓦。我国波浪能资源十分丰富，总量约有 5 亿千瓦，可开发利用的约 1 亿千瓦。

第二节 海浪能的开发

海浪能的开发早早就进入了人们的视线。前面我们就曾谈到，18世纪时就有许多能工巧匠把目光投向了波浪能的利用。1799年法国人吉拉德父子最先发明了可以利用波浪能的机械。它可以随海浪的波动来驱动岸边的水泵。在他们之后的一百多年里，英国、美国和法国又有数百起关于利用波浪能的专利申请。只不过这些利用方案都是把波浪能转化为机械能来利用，规模也相对较小。1910年，法国人布索·白拉塞克在其海滨住宅附近建了一座气动式波浪发电站，供应其住宅1000瓦的电力。20世纪60年代，日本的益田善雄首先成功研制出可用于航标灯照明的利用波浪能的发电装置。1984年，挪威则最先建成世界上最大的波浪能发电站，装机容量达500千瓦。1989年，日本也建成防波堤式波浪能发电站，装机容量为60千瓦。继之英国、澳大利亚、印度尼西亚、印度等国也纷纷加入建设波浪能发电站的行列。我国从20世纪70年代中期开始也对波浪能的利用展开研究。1985年，中国科学院广州能源研究所成功研制出可用于航标灯的波浪能发电装置，用于渤海、黄海、东海及南海等海域的导航灯（船）浮标上。另外，一座20千瓦的岸式波浪能试验电站、一座5千瓦的浮式波浪能发电船、一座8千瓦的摆式波浪能发电装置正在建设中。

你知道吗

航标灯有固定灯标、灯浮标、灯船和灯塔 4 种。固定灯标、灯浮标和灯船是作导航和警告用的信标。灯塔在海上昼夜发出可识别信号，供船舶测定位置和向船舶提供危险警告。航标灯多使用蓄电池作电源。小型灯塔已采用太阳能电池，大型灯塔则采用柴油发电机组作为主电源。

近年来随着世界矿物能源的逐步减少，以及人们对使用矿物能源对环境破坏的担忧的加剧，波浪能作为一种可再生的清洁的绿色能源就越发受到人们的重视。据不完全统计，全世界已报道的用于利用波浪能的机械设计数以千计，已获得专利证书的也有数百例，以至于人们喜称波浪能的利用已成为“发明家的乐园”。

这些各式各样的波浪能的开发利用设计，尽管各有不同的设想，但总的说来其原理不外乎是把波浪的起伏的位能变化，转化为机械的往复运动，然后再通过齿轮或链条等结构，把机械的往复运动转化成机械的旋转运动，即使涡轮机转动起来。有了涡轮机的转动便可带动发电机发电了。不过，说起来似乎十分简单，但要真正实现却会碰到许多技术上的难题。这主要是因为波浪能是一种低品位的能源，它的能量密度很低。还由于大部分波浪运动没有周期性，随意度很高，会因风向、风力等自然条件的变化而变化，故所有的开发利用装置必须要能适应这些状况，难度之大可想而知。就目前的发展状况而言，按采集波浪能方式的不同，可将其归纳为以下三种方式：

一　漂浮式波浪能装置

所谓漂浮式波浪能装置，就是依靠一种漂浮在海面上的装置来采集波浪能。这个可随波浪浮动的装置则用锚链系泊于海底。

1985 年至 1986 年，日本进行的“海明号”波力发电试验，就是应用了一种漂浮式波浪能装置。该装置由于是利用两个互相铰接在一起的船状浮体构成，并利用它们会随海浪的波动而改变相互之间的夹角，从而带动能量转换器工作来发电，因此又叫“助摆式波浪能发电装置”。试验在长 80 米、宽 12 米，由 13 个振荡水柱气室组成的船型漂浮式结构上进行，参与这次试验的国家还有美国、英国、挪威、瑞典、加拿大等。试验首次实现了波浪能向电能的转换。但试验表明，系统发电总效率不高，发电成本高。不久，日本又设计试验了另一个装机容量为 110 千瓦的船型波力发电装置。这个被称为“巨鲸号”的波浪发电船是继“海明号”之后开发的一种新的漂浮体，发电原理与“海明号”相似。该装置长 50 米、宽 30 米、型深 12 米、吃水 8 米，排水量 4380 吨，空船排水量 1290 吨，安装了一台 50 千瓦和两台 30 千瓦的空气涡轮发电机组，锚泊于海湾之外 1.5 千米处。1998 年 9 月开始持续两年的实海况试验，从试验情况来看，装置的各部分工作正常，最大总发电效率为 12%。估计造价在 2000 万元人民币以上。据称“巨鲸号”不仅可以提供洁净的可再生能源，而且其背后还可提供用于养殖的平静海面，并为进一步研究提供海上试验平台。

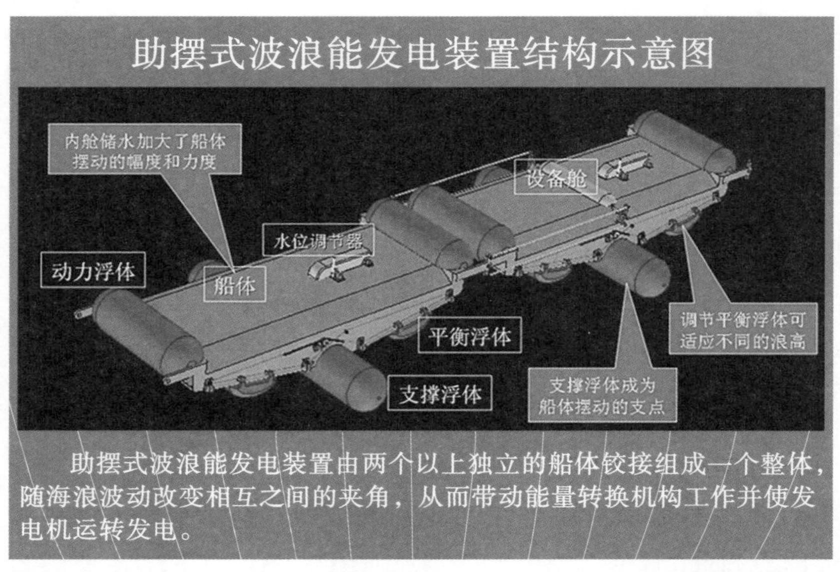

助摆式波浪能发电装置由两个以上独立的船体铰接组成一个整体，随海浪波动改变相互之间的夹角，从而带动能量转换机构工作并使发电机运转发电。

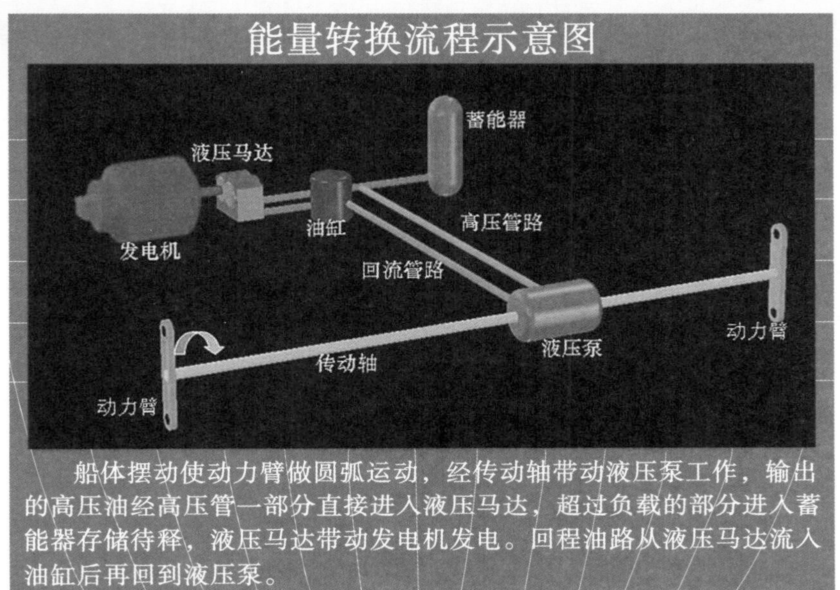

英国也进行过类似的漂浮式波浪能发电试验。这一装置被称为“海蛇号”。它由若干个圆柱形钢壳结构单元铰接而成，可将波浪能转换成液压能，再进而转换成电能。“海蛇号”具有蓄能环节，因此可以提供与火力发电稳定度相当的电力。

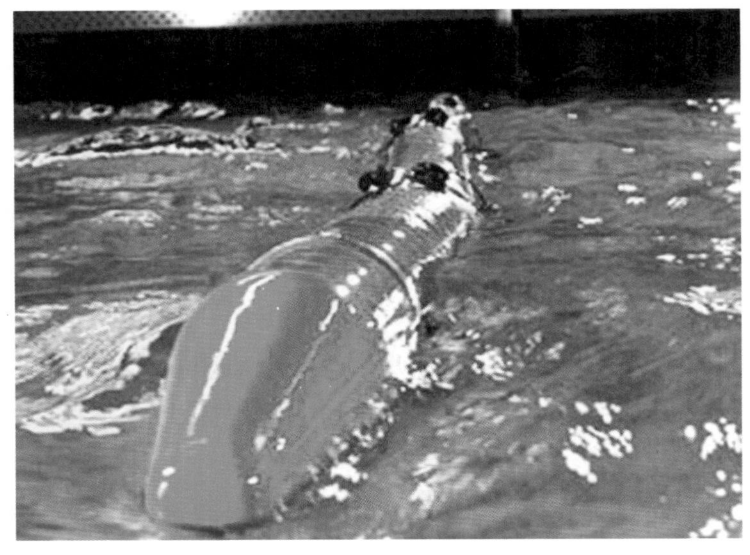

英国的“海蛇号”波浪能装置

据称，英国海洋动力传递公司赢得建造一个 750 千瓦“海蛇号”波力发电装置的项目。装置的投放地点为苏格兰的伊斯赖岛附近海域。该公司还和加拿大的 BC 海宙洛公司签订了在加拿大温哥华岛建 2000 千瓦“海蛇号”波力发电装置的备忘录。

我国也进行了漂浮式波浪能装置的试验，它被称为后弯管式波浪发电浮体的灯船（即载有航标灯的船）。1990 年在琼州海峡“中水道 1 号”灯船上，成功研制出后弯管的波浪发电装置。随后又在湛江水道、珠江口水道的两个灯船上安装了相同的波浪发电装置为航标灯（平均功率 30 瓦）和雷达应答器（平均功率 20 瓦）提供电源，是世界上首次将波浪发电电源用于灯船。“中水道 1 号”灯船锚泊在琼州海峡，风大浪高，两年多发电效果很好，可是锚链两次被台风打断，第二次灯船也不知去向。安装在湛江和珠江口两个灯船上的波浪发电系统，由于锚泊处水流太急，波浪作用效果不是很好，发电量小，三年后被其他电源取代了。随后，又与日本合作研制后弯管的波浪发电浮体，安装了一台 5 千瓦空气涡轮发电机组，锚泊在珠江口，进行实海况发电试验。连续运行数年后，据说因收缩水道被石块堵塞，也停止了发电。

二　固定式波浪能装置

这种装置又分为岸式、收缩波道式、摆式、沉箱式等多种形式。1984 年以来，英国、葡萄牙、挪威、印度、印度尼西亚等国相继进行试验，但成功的运行装置并不多。如 1984 年，挪威投资 120 万美元在卑尔根市建造了一个 500 千瓦的波力电站，正常工作两年后在一次强台风中，该电站钢架结构被破坏，发电机组沉入海中。随后，英国、印度、日本等国设计的这类装置和电站也因土建或其他技术原因而失败或运行不良。

比较成功的是英国，由于得到了欧共体波能发展计划的资助，1986 年，在苏格兰西部的伊斯赖岛上开始建造 75 千瓦岸式波浪发电站，1991 年完工，取得经验后，于 2000 年 11 月又在该岛建成一座

500千瓦与前者类似的岸式波浪发电站。据称，后者已经发电上网，为当地400户居民供电，并与苏格兰公共电力供应商签订了15年的供电合同。该电站位于大西洋的东海岸，此处是世界上波浪能最丰富的地区之一，英国发展波浪能的地理条件十分优越。研建该电站的目的就是将岸式波能发电站标准模式化，将一个个单元组合起来，以此使波浪能产业化。

我国从1986年开始在珠江口大万山岛研建3千瓦的振荡水柱岸式波浪发电站，随后几年又将该电站改造成20千瓦的电站。出于抗台风方面的考虑，该电站设计了一个带有破浪锥的过渡气室及气道，并将机组提高到海面上约16米高处，大大减小了海浪对机组直接打击的可能性。发电装置采用变速恒频发电机与柴油发电机并联运行，发电比较平稳。1996年2月试发电，初步试验的结果表明：20千瓦波力发电机组的电力平均输出为3.5～5千瓦，峰值功率可达14.5千瓦，有效率在20%～40%的范围，优于日本、英国和挪威的同类电站。此外中国科学院广州能源研究所于1989年在广东珠海还建成了另一座示范试验波力电站；1996年又建成了一座新的波力试验电站，专家们通过试验积累了宝贵经验。随后，同年，在广东省汕尾市建设的100

广东汕尾的波能电站

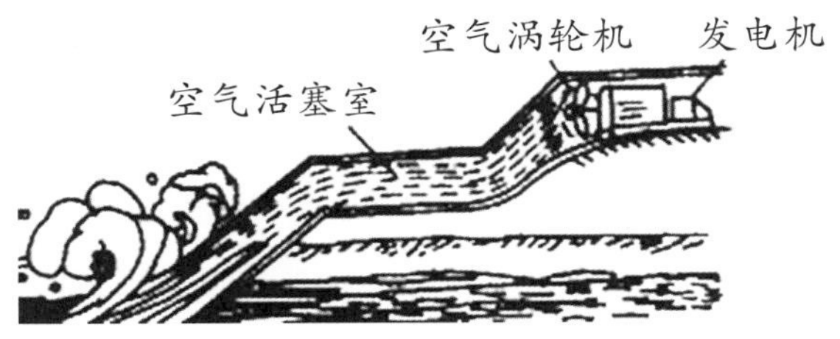

岸式波能装置示意图（管道中的空气活塞室受海浪进袭的压迫，便会推动空气涡轮机旋转，从而带动发电机发电）

千瓦岸式振荡水柱波力电站，被列为“九五”科技重点攻关项目。由于波力电站的特殊需要，选址的地段是坚硬的花岗岩，而且风高浪猛，施工难度极大。曾援建南沙岛礁、澳门供水、高州公路隧道等11项国家重大工程的海军驻珠海某工程建筑处，克服种种困难，一年时间便完成土建和机房建设工程，经专家验收工程质量一流。该电站设有过压自动卸载保护、过流自动调控、水位限制、断电保护、超速保护等功能，使我国的波能转换研究实现了跨越式发展，达到了国际先进水平。

三　半漂浮、半固定式波浪能装置

“十五”期间，我国专家根据当时国内外波能现有技术基础以及优缺点，提出了一种半飘浮、半固定的波能装置——振荡浮子式波能装置。它具有漂浮式的浮子、固定式的浮子滑槽，其优点是在建造时难度和成本比其他固定式波能装置低，而抗台风能力又比其他漂浮式和固定式波能装置高，我国已将这种波能装置发展成为独立的发电与制淡（水）先进系统。其主要优势在于：能完全脱离大陆电网而独立发挥效益，可以有效地采用蓄能手段，将波浪能转换的电能储存起来，供用户随时使用；并可根据用户需要，将海水变成淡水；该系统在浪大时可持续稳定发电，在浪小时能间歇稳定发电，其独立性、稳定性以及建设的简便性极具实用价值。

另外，西班牙一位电子工程师也发明了一种半漂浮、半固定式波浪能发电装置。这一装置的关键部件是一个中空的容器。这个容器固定在沿海的海底地基上。地基用水泥和耐腐蚀的金属共同构成。在这个中空容器中装有活塞，有点像抽水机的泵。在活塞上有一根很长的连杆和浮在海面上的一块大平板相连接。这块悬浮的平板会随波浪的涨落而上下运动，从而带动容器中的连杆也上下运动。连杆的上下运动又会带动活塞也做上下运动，于是海水便在活塞的推动下，时而流入，时而流出。再通过适当的变换装置，便可使流动的海水成为冲击水轮发电机的动力，让水轮机发出电来。据称一座1000千瓦的此类波浪能电站，约需占用 5000 平方米的海面。它所发出的电力，将通过海底电缆输送到岸上。

四 波浪能利用的前景和问题

鉴于波浪运动是海水运动的常规方式，虽然它有时是微波荡漾，有时是怒涛汹涌，很不稳定，但却又是连绵不断、永无休止的。因此利用波浪能发电，就具有在任何状况下都能正常运转的优势，能提供安全、持续的工作性能。它又具有分布广泛、清洁、可再生的优越性，还特别有利于海上航标和孤岛用电问题的解决。有关专家估计，仅用于海上航标和孤岛供电的波浪发电设备就有数十亿美元的市场需求。这一估计大大促进了一些国家对波力发电的研究。所以尽管目前波浪能的利用还十分有限，但其未来的前景将十分可观。

但是，波浪能的利用并不容易，波浪能是可再生能源中最不稳定的能源。波浪不能定期产生，各地区波高也不一样，由此造成波浪能利用上的困难。其次，波浪能虽然总量很大，但具体到某个开发区域，则又是一种能量品位很低的能源，所以其采集效率通常不高。再有，利用波浪能发电要依靠波浪发电装置。由于海浪具有力量强、速度慢和不稳定变化的特点，因此尽管 100 多年以来，世界各国科学家提出上千种设想，发明了各种各样的波浪能发电装置，但是普遍发电功率很小，而且效果也差。

鉴于波浪能开发的现状，人们认为想要充分地利用波浪能发电，有几项难题需要解决：

第一，独立发电问题。最早的波浪能发电装置需要与柴油机并联工作，这样会造成污染；后来则需要依靠电网，先把波浪能转化成的电能供应到电网上，然后才可以利用。这样又会受到电网覆盖范围的限制，造成发电成本高昂、发电功率小、质量差等问题。

第二，稳定性问题。由于受技术限制，波浪能发电装置只能将吸收来的波浪能转化为不稳定的液压能，这样再转化的电能也是不稳定的。英国、葡萄牙等欧洲国家采用昂贵的发电设施，仍无法得到稳定的电能。

第三，控制问题。由于波浪的运动没有规律性和周期性，浪大时能量有剩余，浪小时能量供应不足。这就需要有一种设备在浪大时将多余的波浪能储存起来，浪小时再利用。

第四，采集装置的抗腐蚀、抗风浪问题。大家知道海水含盐度高，有较强的腐蚀性；而且波浪能蕴藏量大的海域，必定风势较为猛烈，这就使许多波浪能开发装置极易受到腐蚀和破坏。以致许多早期的试验装置，往往只经短短两三年的时间就损坏而只能弃之不用。所以如果这些问题解决不好，波浪能的开发将始终难以大规模实现。

你知道吗

当今人们抗御海水腐蚀的主要途径有：①选材，即选用具有较强抗腐蚀能力的材料，如高分子材料、橡胶、陶瓷、特种合金等。②给构件表面涂覆抗腐蚀的涂层。③对表面进行电化学处理。

第六章
海流发电

2008年年初，在美国阿拉斯加西部的白令海岸边上，有一个游人捡到了一个塑料水瓶，瓶子里面装着一封被卷起来的信，那封信是一个美国西雅图的小学四年级的女生写于1986年的。这位名叫艾米丽的小学生在信中写道："我正在研究海洋以及生活在遥远土地上的人们，这封信是我们这一项科学计划的一部分，所以，请捡到这封信的你写上发现它的日期、地点和通信地址，并将它送回给我，我将送给你我的照片，并告诉你这个瓶子是何时何地被投进海洋的。"于是，这个捡到瓶子的人就按照信上所留下的信息，几经周折终于联系上了已经30岁的艾米丽。后来人们发现，在艾米丽将瓶子投入大海后的21年当中，这个水瓶独自在海上漂流了将近2800千米。

在海洋中漂流的漂流瓶

第一节 什么是海流

一 "小鸭舰队"的故事

漂流瓶之所以能在没有自身动力的情况下，从美国的西雅图长途漂游，来到2800千米之遥的阿拉斯加，是海流输送的结果。其实类似的故事在现实生活中并不乏见。其中最有趣的莫过于"小鸭舰队"的故事。

2007年，生活在英格兰西南的德文郡沃拉康比镇的60岁的潘妮·哈利斯是一名退休的中学女教师。一天，她在离家不远的海滩上遛狗时，意外地发现在离她不远的海面上漂浮着一只被水泡得发白的玩具鸭子，于是便将其捞了起来。仔细端详之后，哈利斯发现，在小鸭子的身上标明了小鸭子玩具的商标和制作厂商的信息。经过向亲友们打听，哈利斯了解到，她所捡到的正是15年前因海上事故而坠入太平洋的一批小鸭子玩具中的一员。随着消息传开，当地迎来一场"追鸭狂潮"，"小鸭舰队"的身世也受到极大的关注。

原来，在1992年，装满了由美国The First Years公司在中国定做的近3万只塑料玩具的集装箱因事故而坠入太平洋。这些玩具中，除了黄色小鸭，还有它的好朋友蓝龟、绿蛙及红色水獭。

从那时起到发现时止，这支由1万多只玩具鸭子组成的"小鸭舰队"已经在海上漂流了15年，行程达1.7万英里（约2.7万千米），跨越了半个地球。它们曾到过泰坦尼克号沉船的水域，经过印度尼西

亚、澳大利亚、南美洲，登陆夏威夷，甚至穿越过北极冰块。而当时正浩浩荡荡地驶向英国海岸。

这些玩具鸭虽然未尽本职，但它们却为科学家提供了珍贵的研究资料。美国海洋学家柯蒂斯·艾伯斯梅耶15年来一直在追踪这群玩具鸭。他认为，了解玩具鸭的漂流路线能为有关海流及地球气候变化的研究提供帮助。英国国家海洋学中心科学家西蒙·博克索尔说："它们是一群很好的追踪器，能够清楚地反映出海流当前的运动情况，而海流是影响气候的因素之一。"这支"小鸭舰队"还为绘制海流模拟图做出了另一项"贡献"：专业人员根据玩具鸭的着陆地点绘制出一份名为"海面海流模拟"的电脑模型图，它能为捕鱼活动和海上救援工作提供帮助。而对海洋研究浮标来说，这群黄色玩具鸭由于长期被海水浸泡，逐渐褪色，现在已开始泛白，在海面上十分显眼。因此，对科学家而言，它们比专门用于海洋研究的浮标更易于观察。据说，在一些收藏家手中，"小鸭舰队"成员的价格竟被爆炒至近2000英镑一只。

环绕世界的"小鸭舰队"

正如漂流瓶那样，这些没有长脚，又不会自己游泳的玩具小鸭之所以能在大洋中长途漂游，是海流输送的结果。那么什么是海流呢?

海流，又称"洋流"，我们可以形象地把它理解为是海洋中的河流。它们就像陆地上的河流一样，在大洋上日夜流淌。虽然它们没有陆地河流那样的河岸，但它

们就像河流那样终年沿着比较固定的路线流动；而且它们也有宽、有窄、有头、有尾、有急、有缓地川流不息。和陆地上有许多河流一样，海洋里也有着许多大大小小的海流。其中，最强的海流宽上百千米，长数万千米，流速最大可达 6～7 节（每小时 11～13 千米）。这些流动的海流就像人体的血液循环一样，把整个世界的大洋联系在一起，使世界大洋得以保持其各种水文、化学要素的长期相对稳定。

你知道吗

航海上，表示速度使用“节”，并以每小时行程 1 海里为 1 节。“节”的代号是英文“Knot”的词头，采用“Kn”表示。海里是海上的长度单位。它原指地球经纬线上纬度 1 分的长度，由于地球略呈椭球体状，不同纬度处的 1 分弧度略有差异。所以人们采用 1 分的平均长度 1852 米作为 1 海里。因此 1 节＝1852 米/小时。

二　海流的成因

为什么海洋中会有这样的海流呢？

海流按其成因来说可以分为风海流、密度流和补偿流三种类型。

大家知道，风吹水动，风力是引起表层海水运动的重要因素。当风把某个区域的海水吹走时，邻近海域的海水必然会向该区域进行补充、流动，于是便构成了海水表层的海流。表层海水的运动，在摩擦力的带动下又会带动下层海水一起运动，从而形成一种大规模的海水运动。由于太阳的热力对赤道地区和极地的影响不同，这造成了大气的有规律流动，形成有一定风向的季风，或所谓的盛行风。在一定风向的季风或盛行风的影响下，风海流自然也做有规律的定向流动。

季风吹袭海岸 当某一地区的某一方向的风发生频率明显高于其他方向的风时，便称这个方向的风是该地的盛行风。当大范围的盛行风随季节而显著变化的，便称其为季风。季风通常受大气环流的影响，也受海陆温差的影响。我国东邻太平洋，在夏季，大陆气温高于海洋，低层气压较低，便形成由海洋吹向大陆的东南风；冬季，大陆气温低于海洋，低层气压较高，便形成从大陆吹向海洋的西北风。这就是季风，也是盛行风。

密度流则主要是由于海水的温度和盐度等差异造成的。比如河口附近，由于有不断来自陆地的淡水补给，海水的盐度就会降低；而赤道地区因海水的大量蒸发，便使盐度增加。含盐量不同，密度也就不同。含盐多，则密度大，反之，则小。另外，大家也都知道热胀冷缩，所以温度高的海域，会因海水体积膨胀而密度降低；温度低的海域，则因海水体积收缩而密度增大。在相同深度处因密度的不同往往表现出有不同的压强，存在着压力差，这种压力差会随着深度的增加而更加明显，于是就引起了海水在一定的深度处从压力大的海域流向压力小的海域，也就形成了密度流。也就是说密度流一般是在一定的深度处从密度大的海域流向密度小的海域。它主要表现在深层海水中，而在浅层海水中由于这种压强差不太显著，通常就不足以形成这种大规模的海水运动——海流。

补偿流则是一种次生流，它突出的特性就是它的补偿性。它的形成原因是由于海水的运动导致一海域海水增多，而另一海域海水减少，从而也就导致海水从多的海域流向海水少的海域。海水增多和减少的运动可能是风海流导致的，也可能是密度流造成的，还可能是其他原因造成的。补偿流的主要特点在于补偿海水的减少，导致这种海水大规模运动的原动力不外乎是压力差和重力差等。补偿流有水平方向上的补偿形式，也有垂直方向上的补偿形式，水平方向上的补偿流一般是在重力的作用下进行的，垂直方向上的补偿流是在因重力形成压力差的情况下完成的。当然大家都知道，在流体（液态和气态）物质中都存在着环流现象，而这种环流现象的完成就必须有补偿流这一环节，如果没有这种补偿流的存在，它们的环流也就无法完成，所以海水运动的区域也一定存在着环流这种现象，补偿性质的洋流在海水环流运动区域也一定存在。也就是说在海水运动区域中补偿流是必不可少的一个因素，没有它海水环流运动无法完成，所以说在海水环流运动的地方都有补偿流。

海流在分布上是有一定规律的，大致说来其规律如下：

（1）在赤道至南北纬40°或60°之间，形成一低纬度环流，其流向受地球自转的影响，在北半球呈顺时针方向，在南半球成逆时针方向。每个环流的西部都是暖流，东部都是寒流。

（2）在北纬40°或60°以北形成的高纬环流。其环流方向为逆时针方向，环流西部为寒流，东部为暖流。

（3）赤道以北的北印度洋，因位于北回归线以南属季风洋流。冬季吹东北季风，表层海水向西流，海流呈逆时针方向流动；夏季吹西南季风，表层海水向东流，海流呈顺时针方向流动。

（4）东西方向流动的海流，除南半球的西风漂流外，都具有暖流性质。如低纬赤道附近为南北赤道暖流。

（5）在极地，北极地区有盛行东北风形成的环流；南极地区，在东南风作用下形成向西的环流。在南极大陆附近还有一个自西向东的环绕南极的海流，叫南极绕极流。

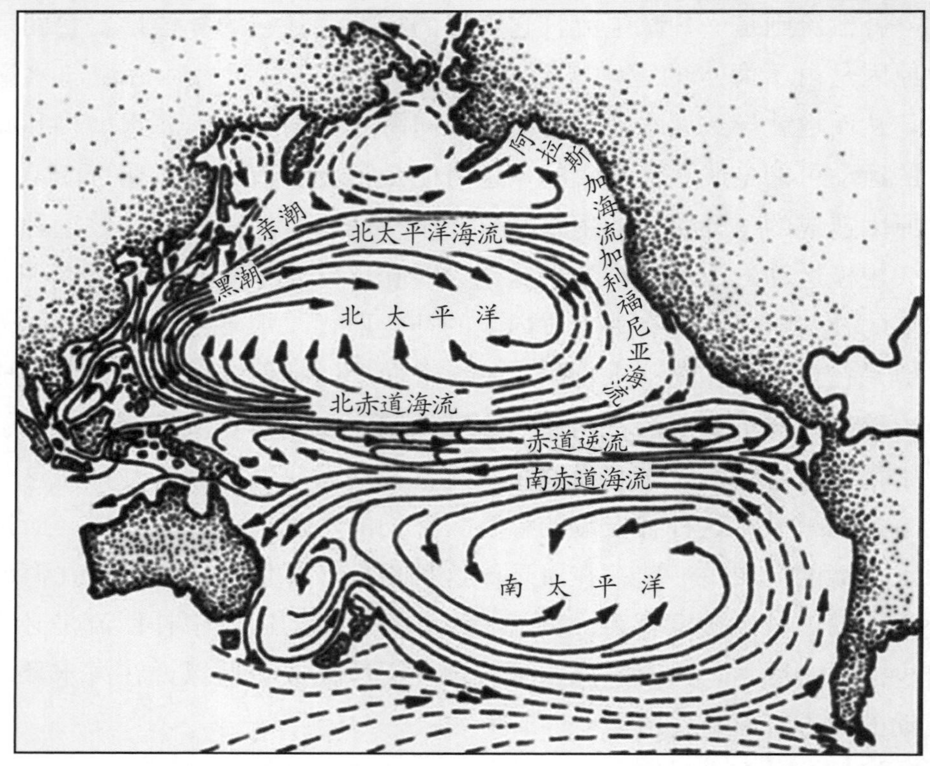

太平洋中的海流示意图　在北太平洋，北纬 40°以南的海流顺时针流动，北纬 40°以北的逆时针方向流动。我国近海的著名海流“黑潮”，是北太平洋西部最强势的海流。它由北赤道海流在菲律宾群岛东岸转向西北强化而成，在我国近海又转向东北，至北纬 40°附近与千岛寒流相遇，在盛行西风的吹袭下，再折向东，成为北太平洋海流。

第二节　海流能及其应用

海流能是近代引起人们重视的一种海洋水能。它是由海水流动产生的动能，所以它和潮汐能、波浪能一样都是以动能形态出现的海洋水力能。其实，人类对海流的利用可以说由来已久。前面我们就曾提到，在古代人们就曾利用它来助航，如用于“顺水推舟”。18 世纪时，美国政治家、科学家富兰克林还曾绘制了一幅墨西哥湾海流图，详细地标绘了北大西洋海流的流速和流向，以供来往于北美和西欧的帆船使用，大大缩短了横渡北大西洋的时间。

相对于潮汐能、波浪能而言，海流能的变化要平稳且有规律得多。它的能量大小与流速的平方和流量成正比。据专家们估计，全世界海流能的理论估算值约为 1 亿千瓦量级。根据中国沿海 130 个水道的各种观测及分析资料计算统计结果，中国沿海海流能的年平均功率理论值约为 1400 万千瓦。其中辽宁、山东、浙江、福建和台湾沿海的海流能较为丰富，不少水道的能量密度为每平方米 15～30 千瓦，具有良好的开发价值。值得指出的是，中国属于世界上海流能功率密度最大的地区之一。特别是浙江沿海有 137 个水道，海流能的理论功率可达到 709 万千瓦，约占全国的一半。其中，舟山群岛的金塘、龟山和西侯门水道，海流能的平均功率密度在每平方米 20 千瓦以上，开发环境和条件都很好。

近代海流能的利用，主要是用来发电。一般说来，最大流速在每秒 2 米以上的水道，其海流能均有实际开发的价值。海流能发电，其原理和风力发电相似，几乎任何一个风力发电装置都可以改造成为海流发电装置。但由于海水的密度约为空气的 1000 倍，且装置必须放置于水下，故海流发电存在一系列的关键技术问题，包括安装维护、电力输送、防腐、海洋环境中的载荷与安全性能等。此外，海流发电装置和风力发电装置的固定形式和涡轮机设计也有很大的不同。海流装置可以安装固定于海底，也可以安装于浮体的底部，而浮体通过锚链固定于海上。海流发电装置中的涡轮机设计也是一项关键技术。

两种用于海流能的涡轮机

海流发电是依靠海流的冲击力使水轮机旋转，然后再变换成高速旋转，带动发电机发电。除上述类似江河电站管道导流的水轮机外还有类似风车桨叶或风速计那样机械原理的装置。目前，海流发电站多是浮在海面上的。有一种海流发电站，由许多转轮成串地安装在两个固定的浮筒上，浮筒里装有发电机。整个电站迎着海流的方向漂浮在海面上，在海流冲击下呈半环状张开，就像献给客人的花环一样，所以被称为“花环式海流发电站”。这种发电站之所以用一串转轮组成，主要是因为海流的流速小，单位体积内所具有的能量小的缘故。它的发电能力通常是比较小的，一般只能为灯塔和灯船提供电力，最多不过为潜水艇上的蓄电池充电而已。因此需要用成串的装置来积少成多，达到所需的电力要求。

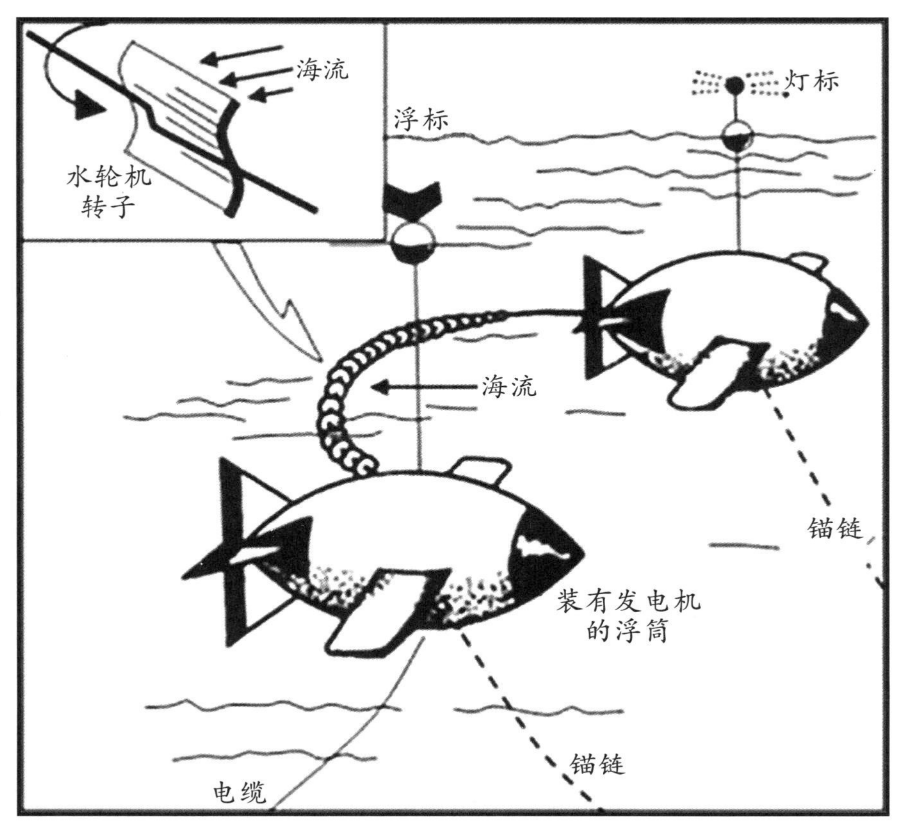

花环式海流发电站示意图

你知道吗

风速计是测量空气流速的仪器。它的种类较多，气象站最常用的为风杯风速计，它由 3 个互成 120°固定在支架上的抛物锥空杯组成，空杯的凹面都朝向一个方向，并分装在一根垂直旋转轴上。在风力的作用下，风杯绕轴旋转，根据旋转速度即可求出风速。另一种旋桨式风速计，由一个三叶或四叶螺旋桨组成，将其安装在一个风向标的前端，使它随时对准风的来向。桨叶绕水平轴以正比于风速的转速旋转。

另外，水轮机潮流发电船也能用于海流发电。美国曾设计过一种驳船式海流发电站，其发电能力比花环式海流发电站要大得多。这种发电站实际上就是一艘船，因此叫发电船似乎更合适些。在船舷两侧装着巨大的水轮，它们在海流推动下不断地转动，进而带动发电机发电，所发出的电力通过海底电缆送到岸上。这种驳船式发电站的发电能力约为 5 万千瓦，而且因为发电站是建在船上，所以当有狂风巨浪袭击时，它可以驶到附近港口躲避，以保证发电设备的安全。

20 世纪 70 年代末期，国外还研制了一种设计新颖的伞式海流发电站，这种电站也是建在船上的。它是将 50 个降落伞串在一根很长的绳子上来聚集海流能量的，绳子的两端相连，形成一个环形。然后，将绳子套在锚泊于海流的船尾的两个轮子上。置于海流中的降落伞由强大海流推动着，而处于逆流的伞就像大风把伞吸胀撑开一样，顺着海流方向运动。于是拴着降落伞的绳子又带动船上两个轮子，连接着轮子的发电机也就跟着转动而发出电来，它所发出的电力通过电缆输送到岸上。

综上所述，海流能利用虽然已受到各方的重视，一些国家也已有了一些成功的试验结果，但从总体而言，都还只是一种探索性的试验，迄今尚未有正规的大型的商业电站出现。看来，要想大规模地利用海流能，还需要人们付出相当大的努力。

第七章
有待开发的其他海洋水能

你听说过聚宝盆的传说吗？

聚宝盆，是中国民间故事中的一个宝物。传说明朝初期有一个叫沈万三的人，有一天他看见一个渔翁正准备把箩筐中的百余只青蛙杀了来出售。心地善良的沈万三觉得于心不忍，便把青蛙全部买了下来，并将它们放生到水池里。晚间，窗外蛙鸣之声震耳欲聋，且通宵达旦，吵得他夜不能眠。早上起来后，他走到池边企图把这些吵闹整夜的青蛙赶走，却见群蛙围着一个瓦盆鼓噪不已。他觉得很奇怪，便把瓦盆捡起来拿回家去。回家后，发现这个瓦盆普普通通，没有什么怪异之处，便把它用作洗手盆。有一次，沈万三的妻子偶然地把一个银钗遗落在盆中，翌日，发现竟然满盆都是银钗。后来，他又用银子进行试验，结果也获得了满盆的银子。原来这是一个可以聚财敛宝的聚宝盆。从此沈万三迅速发迹，成为明朝初期最富财力的百万富翁。

这个聚宝盆的故事只是一个传说。不过，在客观世界里也确实存在这样能给我们带来无穷无尽财富的聚宝盆。海洋就是一个大自然赐给我们的聚宝盆。

且不说海洋蕴藏有品种众多、储量庞大的各种金属和非金属矿产；也不说它所拥有的极其丰富的生物资源，从而被人们称为未来的粮仓；更不说它是人们心目中的大药库；仅仅从海水本身所拥有的水能来说，除了前面我们已经谈到的潮汐能、波浪能和海流能，海水中还蕴藏有热能、与海水的组成物质有关的盐差能及核能等。

第一节　海水温差发电

一　海水温差发电的开发状况

海洋中蕴藏着丰富的太阳热能。据专家们测算，太阳每秒钟输送给地球的能量相当550万吨煤燃烧所释放出来的能量，其中相当390万吨煤燃烧所释放的能量会被海洋所吸收。若以一年来计算，再乘上1小时3600秒、1天24小时、1年365天，这将是一个多么庞大的数字。这样庞大的能量，除了一部分转变为海流的动能和水汽的循环外，都直接以热能的形式储存在海水中。它主要表现为海水表层和深层的水温。通常情况下，海水表层的温度可达25～28℃，但深部的海水，由于不能直接受到阳光照射，因此海平面以下500米的深处，水温只有4～7℃，两者相差20℃左右。这种情况在热带海洋更为明显。在赤道地区，接近海面的表层海水温度可高达近30℃，而水深数百米的深层海水温度只有5～10℃。

如何利用海水所蕴藏的庞大热能，是人们多年来的梦想。1881年，法国物理学家达森瓦就提议利用海水的温差，开发海洋的热能，可惜他没能提出利用的方法。1926年，另一位法国物理学家、达森瓦的学生克劳德进行了海水温差发电的小型试验。他在烧瓶A里加入28℃的温水（这相当于海水表层的水温），在另一个烧瓶B里放入冰块，以保持0℃水温（以代表海洋深层的水温）。然后把两个烧瓶连接起来，再用真空泵将烧瓶A内的空气抽出（抽到压力低到1/25

个大气压）。由于液体的沸点是随着加在液面上的压力的减小而降低的，因此在此低压下，足以使得烧瓶 A 中 28℃的水沸腾起来（要是能够使烧瓶内的真空度进一步提高，也就是使烧瓶 A 内的压力变得更低，那么烧瓶内的温水就会更快沸腾而迅速蒸发）。这样，相对于烧瓶 B 内 0℃的冰块，就产生了以水蒸气压差为主的压力差。于是，烧瓶 A 内蒸发的水蒸气通过一个喷嘴喷出，向烧瓶 B 转移，同时推动涡轮发电机组进行发电。1930 年，克劳德在古巴建造了第一座利用海水温差发电的试验电站，用低压涡轮机生产出 22 千瓦的电力。1936 年，他又在巴西外海停泊的一艘 1 万吨的货船上建造了另一座海水温差发电站。可惜，恰逢狂风来袭，猛烈的飓风掀起的汹涌怒涛，顷刻间便把电站撕碎得七零八落。挫折没有使克劳德屈服，1956 年，他又为非洲西岸的当时的法属殖民地象牙海岸（1960 年独立，现改称“科特迪瓦”），设计了一座可发电 3000 千瓦的海水温差发电站。然而，那时又恰逢世界石油大开发，面对廉价高效的石油能源，克劳德又只好败下阵来。

你知道吗

飓风即台风。人们习惯上把发生在东亚，风力在 12 级以上的热带气旋叫做台风；而把发生在西印度群岛和大西洋一带，风力在 12 级以上的热带气旋叫做飓风。

1962 年，一位叫安德森的工程师针对克劳德设计上的问题作了新的改进，设计了一种被称为“封闭式循环”的海水温差发电系统，并于 1967 年申请了专利。

1974 年，美国也加入研究，在夏威夷考那海岸成立了一家夏威夷自然能实验室。由于当地临近赤道，海面温暖，周边海域又十分深邃，可获得足够低温的海水；再加上夏威夷的电费是美国最高的这一

美国设在船上的海水温差发电站 该船锚泊在夏威夷附近海面，采用封闭式循环，工作介质是氨，冷水管长 663 米，冷水管外径约为 60 厘米，利用深层海水与表面海水 21～23℃的温差发电。1979 年 8 月开始连续 3 个 500 小时发电，发电机发出 50 千瓦的电力，大部分用于水泵抽水，这是海洋温差能利用的历史性的发展。

外界因素，促使这个机构很快成为海水温差发电技术的研究中心。1979 年，他们在一艘海军驳船上，采用封闭式循环系统安装了一座海水温差发电试验站，发电功率为 53.6 千瓦。但所发出的电力大部分用于水泵抽水，余下的仅可供船上照明及电脑、电视之用。1984 年，美国的太阳能研究机构（现改名为“国家再生能源实验室”）开发了一种垂直喷射式的蒸发器，并采用类似克劳德的开放式系统把温暖的海水转换成低压蒸汽，据说可使效率获得很大提高。1993 年，他们在夏威夷进行了这种开放式的海水温差发电试验，结果生产出 50 千瓦的电力。1999 年，该机构又试验了一个 250 千瓦的封闭式系统的海水温差发电装置。这是美国试验的最大容量的海水温差发电装置。在这之后，由于经济上的原因，美国就没有再进行此类实验。

日本在 1970 年也开始海水温差发电的研究。但由于日本本土处于较高纬度区域，不利于进行海水温差发电的试验，因此他们只好寻

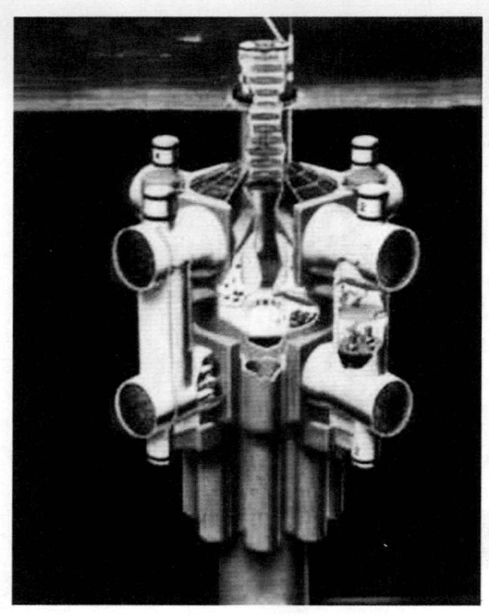

美国设计的一种16万千瓦的海洋温差发电装置。该装置全长450米，自重23.5万吨，排水量达30万吨。

求热带地区国家的合作。1981年，日本在南太平洋的瑙鲁岛建成了一座100千瓦的封闭式海水温差发电装置，生产了120千瓦的电力，其中90千瓦供应电站自身的需要，余下的供应岛上的学校和居民用电。这是第一个把海水温差发电的电力并入电网的电站。1990年日本又在本土鹿儿岛建起了一座1000千瓦级的同类电站。

临近赤道的印度十分有利于开发海水温差发电，而且印度政府也对此表现出极大的兴趣。目前正与日本合作，计划建造一座1000千瓦的漂浮式的封闭式海水温差发电站。

我国东海、南海位于北回归线附近，也十分有利于开发海水温差发电，但目前主要处于研究探索阶段。1985年，中国科学院广州能源研究所开始对温差利用中的一种被称为“雾滴提升循环”方法进行研究。这种方法的原理是利用表层和深层海水之间的温差所产生的能量来提高海水的位能。据计算，温度从20℃降到7℃时，海水所释放的热能可将海水提升到125米的高度，然后再利用被抬升的水头在跌落时的冲力来让水轮机发电。该方法可以大大减小系统的尺寸，并提高温差能量密度。1989年，研究所在实验室实现了将雾滴提升到21米的高度记录。同时，该所还对开放式循环过程进行了实验室研究，

建造了两座容量分别为10瓦和60瓦的试验台。此外，我国台湾也建有一座红柴海水温差发电厂。该电站利用马鞍山核电站排出的36～38℃的废热水与300米深处的冷海水（约12℃）的温差来发电。铺设的冷水管内径为3米，长约3200米，延伸到台湾海峡约300米深的海沟。预计电厂发电量为14500千瓦时，扣除泵水等动力消耗后可得净发电量约8740千瓦时。

你知道吗

台湾马鞍山核电站又称第三核能发电厂，简称“核三厂”，是台湾南部唯一一座核电站。在石油危机之后，台湾政府为了实现能源多元化，除了在台湾北部相继成立核能一、二厂，为了南北电力平衡，减少电力输送，还在台湾南端的恒春成立第三核能发电厂，厂址离恒春镇直线距离约6千米，共装有两部容量各为95.1万千瓦的机组。

二　海水温差发电的原理和方法

前面我们已经谈到，海水表层的温度可达25～28℃，但深部的海水由于不能直接受到阳光照射，因此海平面以下500米的深处，水温只有4～7℃，两者相差20℃左右。海洋温差发电就是利用这一温差进行的。一般说来位于北纬40°到南纬40°之间的一百多个国家和地区都可以进行海洋温差发电。

海水温差能就是指因深部海水与表面海水的温度差而产生的能量，也就是海洋热能。据专家们估计，仅北纬20°至南纬20°之间的海域，海水温差的发电能量就足以达到26亿千瓦时。全世界海洋蕴藏的海水温差能量大约能发电600亿千瓦时。在我国的海域内，可供利用的海水温差能量大约能发电 1.2 亿千瓦时。

火力发电和原子能发电都是以热能来使水沸腾，然后利用沸腾水的蒸汽带动涡轮机来发电。海水温差发电利用的也是热能，但怎样借助表面海水的热量，使水沸腾变成蒸汽来推动涡轮机旋转，就是海水温差发电的技术关键。目前，主要有以下四种方式：

（1）开式循环法。这是克劳德最早开发出来的方法。目前这一方法要求海水的温差必须达到 18℃以上。其方法是：抽取表层热海水，在真空泵的帮助下，让抽取到的高温海水蒸发成为低压蒸汽（称其为“工作介质”），然后用其推动涡轮机旋转。使用后的介质被输入深海，让低温海水将其冷却液化后回归自然。由于这一过程是在开放的系统中进行，因此称为开式循环法。开式循环需要保持一定的真空度，蒸汽压力很低，压差极其微小，涡轮机的体积十分庞大，不仅热效率很低，系统本身耗能也十分巨大，即使能够实现有多余电力输出，发电成本也极高。美国曾在夏威夷计划建造一座开放式 4 万千瓦的大型海水温差发电站，并做了多年实验，但最终因成本太高（每千瓦投资约 1 万美元），工程过于浩大，而不得不放弃。

（2）闭式循环法。这是 1962 年安德森最先提出的方法。它使用低沸点液体物质，如液氨、丙烷、氟利昂等作为工作介质。如与水的沸点 100℃相比，氨水的沸点是 33℃，容易沸腾。因此可使用高温海水来直接加热工作介质，使其受热蒸发为相对的高压蒸气，用以推动涡轮机旋转。做完功以后的低沸点介质被送进冷凝器（由深层的冷海水进行冷凝），让其冷凝液化，然后再通过泵将低沸点介质重新泵入蒸发器，同时利用表层海水使氨再次蒸发，继续发电，从而便可以进入下一个工作循环。这种方法由于采用了低沸点液体作为工作介质，而这种工作介质又只在封闭的管道中循环，因此称为闭式循环法。闭式循环法提高了工作介质的蒸气压力，缩小了涡轮机的体积，工作效率得以大幅提高。但这种方法仍需大量抽取冷、热海水，特别是用于抽取冷海水的冷水管粗而且长，换热器的体积很大，占据了很大的空间，形成了难以攻克的技术难题，限制了发电系统的大型化。并且仅

用于抽取冷、热海水的能耗就占到了发电总量的50%左右，发电成本仍然很高。

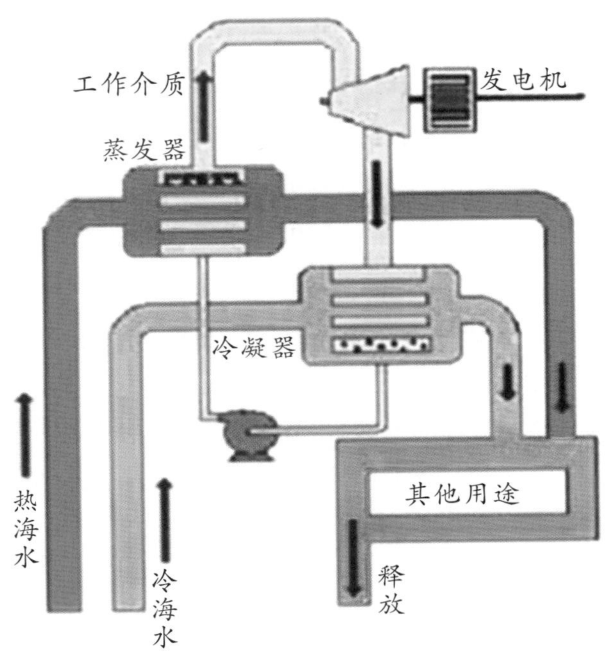

闭式循环法海水温差发电示意图 热海水被红管抽取输送进入蒸发器，蒸发器中的低沸点介质在热海水的作用下蒸发成为蒸气进入蓝管，推动涡轮发电机发电。使用后的低沸点介质被送入冷凝器，冷凝器里有从深海中抽来的冷海水。在冷海水的作用下，低沸点介质重新液化，然后通过闭路系统再次泵入蒸发器使用。使用过的热海水和冷海水可用于其他用途，也可直接释放，回归自然。

（3）“上原循环”法。这是日本左贺大学上原教授提出的方法。他采用氨和水的混合物作为工作介质。氨的水合物能够在35℃以上受热析出氨气，35℃以下冷却而重新形成水合物。“上原循环”的好处在于在海洋的自然条件下，无须加压即可使氨气溶于水中，并且不用到太深的海里抽取低温海水。如果表层海水的温度真能达到40℃以上，这种方法将是目前最好的海水温差发电方法。遗憾的是，海水表层的温度鲜有超过30℃的，即使个别海域能够达到36℃也仍然不能用该方法发电。该方法只能用海水作为冷源，而以其他热源（如核电站排出的热废水）来加热工作介质。严格来说，该方法只是其他热源与冷海水之间的温差发电，不能看作是真正的海水温差发电。

（4）混合法。这是当今较新型的海水温差发电方法。方法是首先把海水引入太阳能加温池，将海水加热到45～60℃，有的可高达90℃，然后再将热海水引进保持真空的某一空间，让它蒸发，借助于水蒸气来推动涡轮发电机组进行发电。也就是说其后面的工作程序基本上还是采用了开式循环法，不同的仅是引入了太阳能加热池。所以它仍然无法避免设备庞大、本身耗能巨大的缺陷。

利用海水的温差来进行发电，还可以得到一种副产品——淡水，所以说海水温差发电还兼有海水淡化的功能。一座发电能力为10万千瓦的海水温差发电站，每天可分馏出378立方米的淡水，以解决工业用水及饮用之需。上原教授等研究人员将表层海水放入特殊的真空容器里，使它迅速蒸发，然后用深层海水进行冷却，成功地使之变成了淡水。

另一方面，由于电站抽取的深层冷海水中富含营养盐类，因此在海水温差发电站的周围，正是浮游生物及鱼类栖息的理想场所，这将有利于提高鱼类的近海捕捞量。

不过，由于海洋热能密度比较小，能源变换效率很低，海水温差发电的效率一般只有3%～5%，比火力发电的40%低得多，因此若要得到比较大的功率，只能把发电装置造得很庞大，而且还要有众多的发电装置，排列成阵，形成面积广大的采能场，才能获得足够的电力。如果一台发电设备的输出功率达不到1万千瓦的规模，每千瓦时电的发电成本就难以控制在可与其他发电方式相比拟的程度，这是海水温差发电的最大缺陷。另外，海水温差发电还涉及耐压、绝热、防腐材料、热能利用效率等诸多技术上有待进一步解决的问题。尽管如此，由于海洋温差能开发利用的巨大潜力，海洋温差发电仍受到各国的普遍重视。目前，日本、法国、印度等国都有已建或在建的一些海洋温差能电站，功率从100千瓦至5000千瓦不等。上万千瓦的海洋温差电站也在人们的计划之中。

第二节　海水盐差能发电

一　海水盐差能发电的原理

大家都知道地球上的水有淡水、咸水之分。其中海水是咸的，海水的平均含盐度为 3.5％，也就是说，每立方千米的海水就含有盐 3500 万吨，而河湖水则是基本不含盐的淡水。

当我们把两种浓度不同的盐溶液倒在同一容器中时，稀溶液就会很快自发地向浓溶液中渗透、扩散，直到两者浓度相等为止。为什么稀溶液会自发地向浓溶液渗透、扩散呢？原来含盐度不同的溶液会具有不同的渗透压，稀溶液的渗透压大于浓溶液的渗透压，所以压力大的一方就会向压力小的一方渗透，直至两者的浓度完全一致，也即渗透压取得平衡为止。溶液浓度不同所产生的这种压力差，表现在海水里也就是人们所说的盐差能。

大家知道，在海水和江河水的交汇处，水的含盐度明显不同，所以它们就拥有一定数量的渗透压力差，也即拥有一定的盐差能。据专家们测算，海水（3.5％盐度）与河水之间的渗透压力差相当于 240 米高的水位落差；也就是说，在河海交汇处，只有海水的水面高于河水的水面 240 米以上时，才能阻挡河水渗入海水，可见河水的渗透压力有多大。所以从河流流入海中的每立方英尺（1 英尺＝0.3048 米）的淡水可用来发 0.65 千瓦时的电量。一条流量为每秒 1 立方米的河流的发电输出功率可达 2340 千瓦。地球上不仅河流入海口存在盐差

能，一些盐湖等内陆湖也有可利用的盐差能。如著名的死海（含盐量为23%～25%），其盐差能竟可高达相当5000米水头的落差；至于那些盐矿藏中所蕴藏的盐差能就更大到难以估量了。

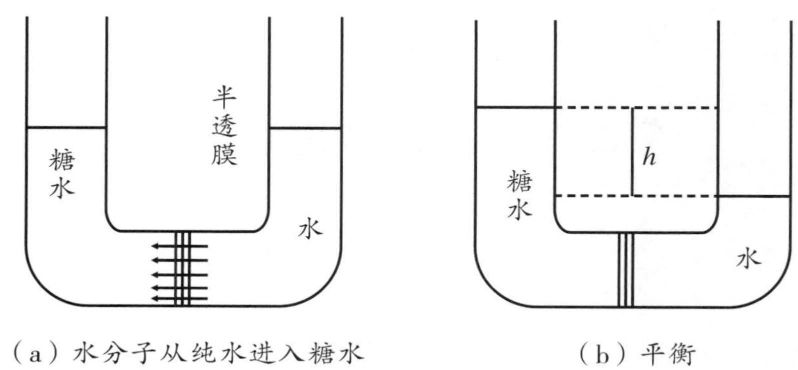

（a）水分子从纯水进入糖水　　（b）平衡

半透膜的作用示意图　半透膜是一种只允许混合物（溶液、混合气体）中的某些物质透过的薄膜。如动物的膀胱只允许水透过，而不允许酒精透过。不同的半透膜会具有不同的半透性。半透膜的种类很多，既有天然的，也有很多是人工制造的。图中显示的半透膜只让水透过，而不让糖透过。当糖水（假定由于不断有糖加入，溶液的浓度不变）一方由于水的不断渗入，而逐渐抬高水位，在达到一定高度后（图中的 h），水即停止渗入。这个 h 便是水的“渗透压”的大小。也就是说，此时糖水的水头压力 h 与水的渗透压取得了平衡。换言之，渗透压是抵制或停止溶剂（在本示意图中是水）由半透膜进入溶液（糖水）而需加在该溶液的外界压力。

盐差能的利用并不仅表现在渗透压的存在，它还会表现为蒸汽压力的不同。已知在相同的外界温度压力环境下，淡水会比海水更容易蒸发，因此在淡水一方产生的蒸汽压力就会大于海水一方产生的蒸汽压力。这就促使淡水一方的蒸汽会向海水一方流动，使盐差能转化成蒸汽流动的动能。

还有，已知含盐量不同的溶液会具有不同的电位，盐含量愈高，电位也愈高。所以海水会比淡水具有较高的电位（尽管这个电位十分微弱，但却是可利用的）。换言之，盐差能也会表现为电位差。

据初步估算，地球上海水的盐差能高达3000亿千瓦，甚至比海水温差能还要大得多。其中仅河水入海口附近可供利用的盐差能就有

26亿千瓦。

我国沿海江河每年的入海径流量为17000亿～18000亿立方米，其中主要江河的年入海径流量为15000亿～16000亿立方米，故沿海盐差能资源蕴藏量的理论功率约为1.25亿千瓦。其中长江口及以南的大江河口沿海的盐差能资源量占全国总量的92.5%，理论功率估计为0.86亿千瓦。特别是长江入海口的流量可达每秒2.2万立方米，其盐差能相当于电机容量0.52亿千瓦。另外，我国青海省等地也有不少内陆盐湖可以利用。

如何利用大海与陆地河口交界水域的盐度差所蕴藏的巨大能量，一直是科学家的理想。1939年，就有一个美国人率先提出应该开发利用盐差能来发电，但在当时面对廉价的矿物能源，盐差能的利用自然不会受到人们的重视。20世纪70年代以后，石油危机的出现和矿物能源对环境产生的负面影响，使越来越多的人认识到寻找绿色新能源的必要性。于是盐差能的开发利用便受到了人们的重视，一些国家和部门纷纷投入调查和研究。如日本、美国、以色列、瑞典等国均在进行研究、试验。我国也处于研究试验阶段。

二　盐差能发电的主要方法

盐差能的利用主要是发电。其基本方式是将不同盐浓度的水之间的渗透压力差转换成水的水头压力能，于是我们便可以像利用河流水力发电那样，利用已转换为水头压力的盐差能来使水轮机旋转发电，或是利用不同盐浓度的水之间的蒸汽压力差或电位差来发电。也就是说，以目前国内外的研究成果看，利用盐差能发电的方法主要有渗透压法、蒸汽压法、反电渗析电池法三种，现简略介绍如下：

（一）渗透压法

这是最早开发出来的盐差发电技术。在河海交界处只要采用半透膜将海水和淡水隔开，淡水就会在渗透压的作用下通过半透膜向海水一侧渗透，使海水一侧的高度超过淡水一侧的高度（如在上述示意图中糖水一侧的水位升高），然后利用这种水位差来发电。

你知道吗

半透膜是一种对不同物质、粒子或分子的通过具有选择性的薄膜。例如细胞膜、膀胱膜、羊皮纸以及人工制的玻璃纸、胶棉薄膜等。不同的半透膜所能通过的物质粒子也不相同。物质能否透过半透膜，一是取决于膜两侧的浓度差，只能从高浓度向低浓度渗透；二是取决于粒度的大小，能否通过膜的孔隙；三是利用电性差异，有的只能通过阳离子，有的只能通过阴离子。

在渗透压法发电系统中的关键技术是半透膜的制作，要有足够强度、性能优良、成本适宜的半透膜；此外，膜与海水界面间的流体交换技术也是此类装置的技术关键和难点。正是为了解决这些技术难题，才又出现了强力渗压发电、水压塔渗压发电和压力延滞渗压发电几种类型。

1. 强力渗压发电

强力渗压系统是在河水与海水之间建两座水坝，并在两座水坝间挖一低于海平面约 200 米的水库。水轮机安置在河水流向水库的通道上，由于河水与水库之间有将近 200 米的水位落差，故足以产生冲击水轮机发电的动力。另一方面，在后坝底部安装有半透膜渗流器，使水库的水可通过半透膜渗流器与海水相通。当海水含盐量为 3.5% 时，水库中的河水尽管低于海平面近 200 米，但由于盐度差所产生的 240 米的渗透压，仍足以使河水源源不断地通过半透膜渗流器渗入海水中，维持着原先的低水位。因此，这就使河水与水库的水位差也维持不变，能继续冲击水轮机旋转，带动发电机发电。

据 1976 年的估算，强力渗压发电系统的发电成本为每千瓦时电 0.20 美元；投资成本也要比燃煤电站高，而且存在技术上的难点，其中最难的是要在低于海平面 200 米的地方建造一个巨大的水库；再者，能够抵抗腐蚀的半透膜也很难制造，因此发展的前景不大。

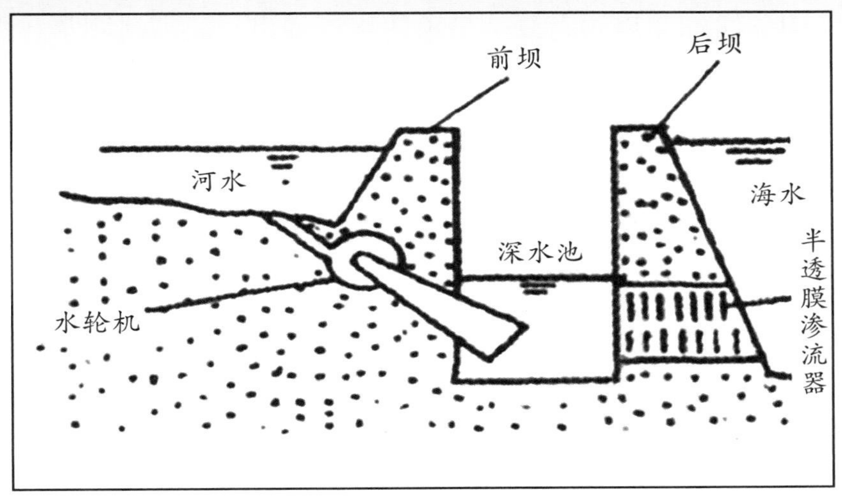

强力渗压发电示意图

2. 水压塔渗压发电

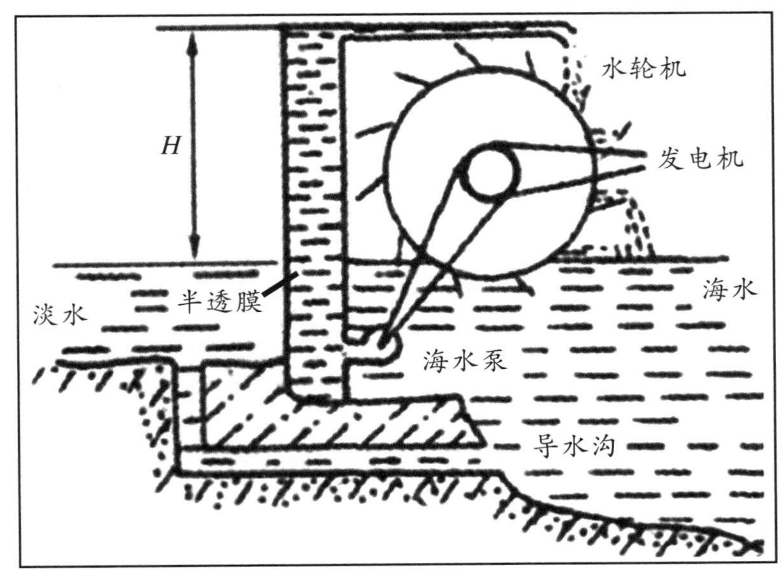

水压塔渗压发电示意图（图中的导水沟只在系统停止运行时使用）

水压塔渗压发电系统是在海水与淡水之间筑有一个水塔，水塔的高度一般在 200 米左右。水压塔与淡水间用半透膜隔开，并通过水泵连通海水。系统运行前，先由海水泵向水压塔内充入海水。运行时，淡水在渗透压力下通过半透膜向水压塔内渗透，使水压塔内海水水位不断上升，可高达塔顶，并从塔顶的水槽溢出，溢出的海水在下泄、跌落过程中冲击水轮机旋转，并带动发电机发电。要注意的是，在运行过程中，必须使水压塔内的海水保持一定的盐度，这样淡水才会具有足够的渗透压，为此海水泵应不断向塔内充入海水。根据试验结果，扣除各种动力消耗后该装置的总效率约为 20%。

3. 压力延滞渗压发电

压力延滞渗压发电系统是设有一个压力室，运行前，压力泵先把海水压缩到某一压力（小于海水和淡水的渗透压差）后进入压力室。运行时，在渗透压作用下，淡水透过半透膜渗透到压力室并同室内的海水混合。混合了淡水的海水因叠加了淡水的渗透压，所以与海水相比仍具有较高的压力，足以在压力作用下，向大海流动并推动涡轮机旋转，进而带动发电机发电。

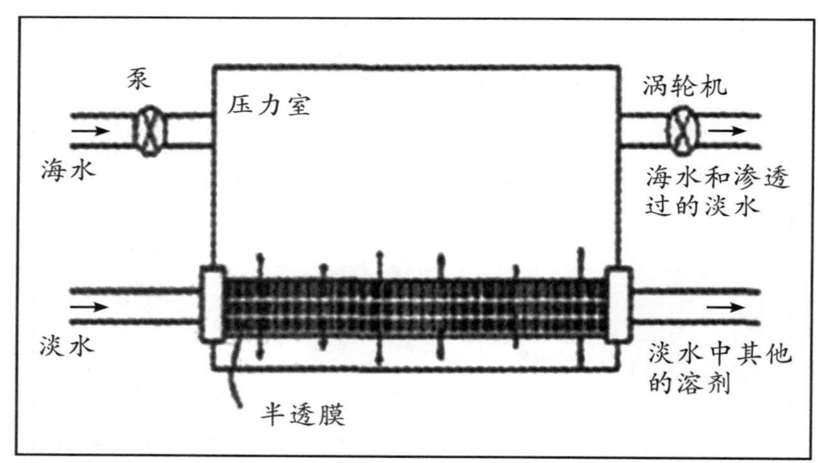

压力延滞渗压系统示意图

压力延滞渗压系统是以色列科学家西德尼·洛布于 1973 年发明的。1978 年洛布和美国太阳能公司在沃伦市维吉尼亚州做了大量的试验，当时估算采用这种压力延滞渗压式的装置发电成本高达每千瓦时电 0.3～0.4 美元，而且还缺乏有效的半透膜，无法与其他能源竞争，只好束之高阁。1997 年挪威国家电力（斯达卡拉弗特）公司开始从事压力延滞渗压发电的研究，并于 2001 年开展了世界上第一个

重点发展压力延滞渗压技术的项目。由于半透膜技术的进步，半透膜寿命提高到原来的 4 倍。这使挪威国家电力公司预计，2015 年这种装置的发电成本将降到每千瓦时电 0.03～0.04 美元。这样，盐差能发电即可投入商业运作，并且可以与其他可再生能源如生物能、潮汐能相竞争。

（二）蒸汽压法

蒸汽压发电装置的外观看似一个筒状物，它由树脂玻璃、PVC 管、热交换器（铜片）、汽轮机、浓盐溶液和稀盐溶液组成。

这一方法的特点是不利用水的渗透压，而主要利用了水的蒸汽压。由于在同样的温度下淡水比海水蒸发得快，因此海水一边的饱和蒸汽压力要比淡水一边低得多。于是，在一个空室内蒸汽会很快从淡水上方流向海水上方，并不断被海水吸收。这样，只要装上汽轮机就可以利用蒸汽的流动来使其运转、发电了。由于水汽化时吸收的热量大于蒸汽运动时产生的热量，这种热量的转移会使系统工作过程减慢，以至最终停止。但采用旋转筒状物，可使盐水和淡水溶液分别浸湿热交换器（铜片）表面，从而传递水汽化所要吸收的潜热。这样蒸汽就会不断地从淡水一边向盐水一边流动并驱动汽轮机转动。试验表

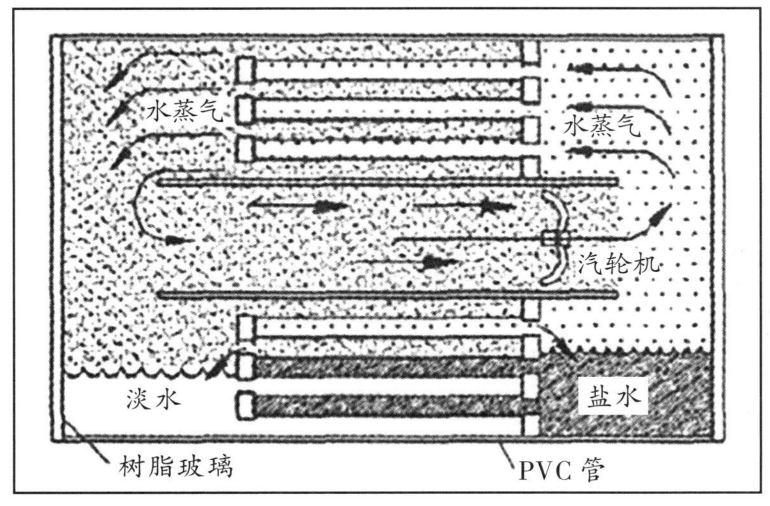

蒸汽压法发电装置示意图（正视图）

明这种装置模型的功率密度（热交换器表面积为 1 平方米时产生的功率）为每平方米 10 瓦，是反电渗析发电装置的 10 倍。

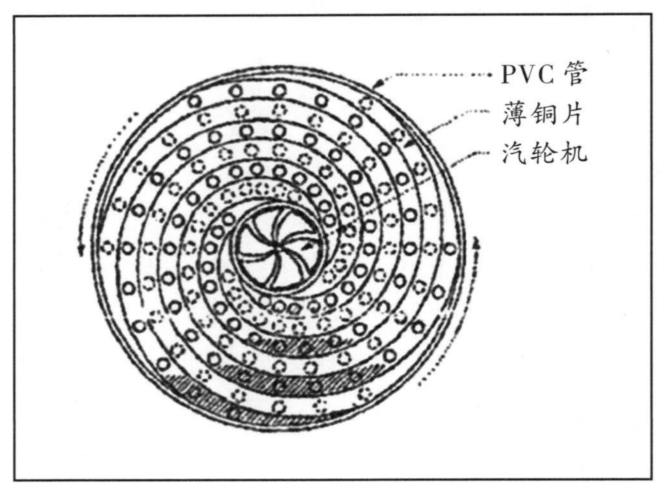

蒸汽压法发电装置示意图（侧视图）

蒸汽压发电的最显著的优点是不需要半透膜，这样就不存在膜的腐蚀、高成本和水的预处理等问题。其运作过程会使涡轮机的工作状态类似于开式海洋热能转换电站，所需要的机械装置的成本也与开式海洋热能转换电站几乎相等。但是，这种方法在战略上不可取，因为它消耗淡水，而海洋热能转换电站却生产淡水，这使它的应用受到限制。此外，在 70℃下淡水与海水的饱和蒸汽压差为 800 巴，而与盐湖的饱和蒸汽压差为 8000 巴，显然，这种方法更适用于盐湖的盐差能利用。

你知道吗

巴是压强单位。1 巴＝100000 帕（帕斯卡）。1 毫巴＝100 帕。1 个标准大气压＝1013.25 毫巴＝1.01325 巴。

（三）反电渗析电池法

反电渗析电池法也称浓差电池法，是目前盐差能利用中最有希望的技术。

电渗析法，指的是在外加直流电场的作用下，利用阴离子交换膜和阳离子交换膜的选择透过性，使一部分离子透过离子交换膜而迁移到另一部分水中，从而使一部分水淡化而另一部分水浓缩的过程。而我们这里所说的“反电渗析”则是它的反作用，也就是不但没有外加的电场，反而利用系统中被薄膜隔离的浓度不同的溶液（海水和淡水）自发形成的电位差（电位差即我们通常所说的“电压”，是由两点之间的电位不同造成的），来促使阴阳离子的流动，从而产生电场和电流。所以这种方法的最大特点是不需要使用水轮机来发电，而是依靠由阴阳离子交换膜、阴阳电极、隔板、外壳、浓溶液和稀溶液等组成的系统来发电。

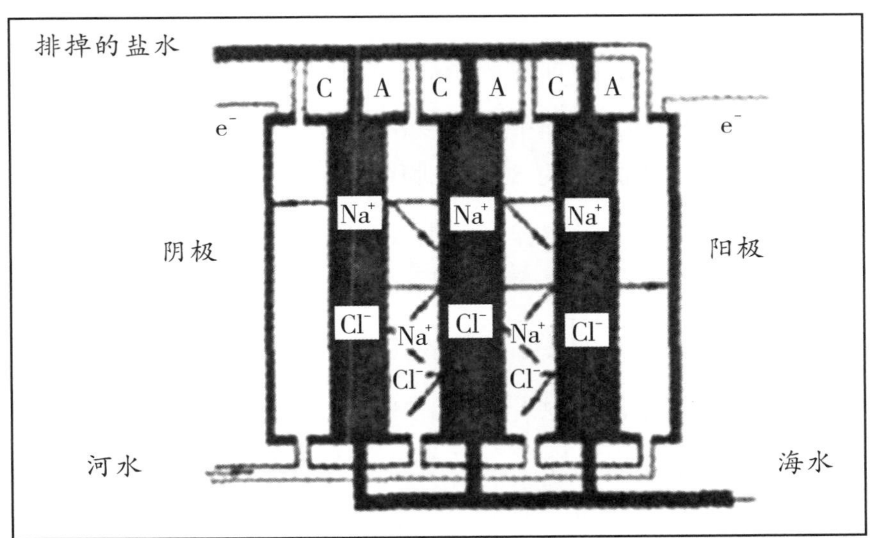

反电渗析电池示意图 图中C代表阳离子交换膜、A代表阴离子交换膜。所谓离子交换膜就是一种对溶液里的离子具有选择性透过能力的薄膜。阳离子交换膜就是只有阳离子才能通过的膜，阴离子交换膜则是阴离子才能通过的膜。

在该电池中，阳离子交换膜和阴离子交换膜交替放置，中间的间隔交替地充以淡水和海水。在淡水和海水产生的电位差的作用下，海水中所含的盐发生电离。大家知道，盐的化学成分是氯化钠（NaCl），当它电离后就会分解为阳离子钠离子（Na^+）和阴离子氯离子（Cl^-）。于是在离子交换膜的作用下，盐电离后产生的阳离子钠离子（Na^+）便会透过阳离子交换膜向阳极流动，阴离子氯离子（Cl^-）则透过阴离子交换膜向阴极流动。电流便是离子流动的表现。这样，电便发出来了。

由于该系统需要采用面积大而昂贵的交换膜，因此发电成本很高。不过这种离子交换膜的使用寿命长，而且即使膜破裂了也不会给整个电池带来严重影响。例如由 300 个隔室组成的系统中有一个膜损坏，输出电压仅减少 0.3%。另外，由于这种电池在发电过程中电极上还会产生有工业用途的氯气（Cl_2）和氢气（H_2），可以帮助补偿装置的成本。

欧盟的维特苏斯研究所于 2006 年开始对海水反电渗析发电进行研究，试验分别使用了几种不同浓度的溶液。结果发现此类装置发电的有效膜面积是总膜面积的 80%，膜的寿命为 10 年，反电渗析发电装置的投资成本为每千瓦 6.79 美元。这个投资成本是很高的，其中低电阻离子交换膜最昂贵，占了绝大部分成本。如果价格能降低至 $\frac{1}{100}$，反电渗析发电就可能与其他发电装置相竞争了。研究还发现，反电渗析发电不能商业化运作的主要原因，不单单是膜的价格问题，还在于运行中会受许多未知因素的影响，包括生物淤塞管道、水动力学、电极反应、膜性能和对整个系统的操作等。因此要想使反电渗析发电装置很好地运行，就必须对这些因素进行充分的研究，并采取恰当的应对措施。

据报道，我国上海海事大学也曾对这种盐差发电技术进行了研究，建造了一套反电渗析电池试验装置，并对这种电池的电位差、电池内阻和海水淡水隔室进行了理论研究和分析，设计了 5 种浓差电池

试验槽，并取得了初步的试验结果和研究结论，为今后我国长江口和珠江口的海水盐差能发电应用提供了理论依据。

三　盐差能发电研究现状

综上所述，自 20 世纪 70 年代至 80 年代以来，关于盐差能的研究较多。其中，1975 年以色列的洛布建造并试验了一套渗透法装置，证明了其利用的可行性。之后，以色列建造了一座 150 千瓦盐差能发电试验装置。我国于 1979 年开始这方面的研究，1985 年西安冶金建筑学院采用半渗透膜法，研制了一套可利用干涸盐湖的盐差发电试验装置。该装置半透膜的面积为 14 平方米，30 千克干盐可以工作 8～14 小时，水轮机发电机组电功率为 0.9～1.2 瓦。另外，美、日等国也有这方面的研究，但总的说来，迄今仍主要处于研究的初级阶段，进展很慢。这主要是盐差能的利用确实存在相当大的难度。不过，随着世界对新能源需求量的增加，这促使许多国家重新开始关注盐差能发电的研究。其中，强力渗压发电和水压塔渗压发电由于装置规模较大、投资较高，已逐渐受到人们的冷落；蒸汽压发电方法由于要消耗

挪威的盐差发电站（左图是效果图，右图是发电装置局部图）

这座试验电站位于挪威首都奥斯陆以南的奥斯陆峡湾。包括贝格纳河、洛根河在内的多条内陆河流在那里汇入北海。目前该新型发电设施还仅仅用于研发目的。在测试阶段，这台新型绿色发电机只有 2～4 千瓦的发电功率，而且只能产生一台咖啡机所需的电力。但挪威政府计划在 2015 年之前利用它建成为具有商业用途的盐差能发电厂，使发电容量达到 25000 千瓦，为 10000 户家庭供电。

大量的淡水也很少有人研究；目前研究较多是压力延滞渗压发电和反电渗析发电。

如挪威国家电力公司正致力于开发压力延滞渗压发电装置，2009年11月24日启动了世界上第一座压力延滞渗压发电设施。但试验表明，要实现商业化还有很长的路需要走。主要是如何才能更加高效地利用盐差能的渗透压，是该方法发电的一大难点。据法新社介绍，挪威国家电力公司认为盐差能发电设备的技术难点，在于发电站的建造成本过高，半透膜效率低。几年来，欧盟一直在进行这种隔膜材料的研究，因为隔膜是这种盐差发电的关键。它必须具有结实、耐用、透水性能好和阻止盐分通过的性能。而现阶段人们能生产的隔膜，在渗透时产能水平不足每平方米1瓦。专家认为，必须每平方米超过5瓦以上才能带来经济效益。从事此项研究、生产的企业预期，在数年研究后有望将隔膜效率提升至每平方米2至3瓦。这距离规模化发电所需的每平方米5瓦仍有差距。欧洲隔膜研究院专家格拉尔德·庞斯利认为，时间能攻坚。在如今二氧化碳排放增加和化石能源储备减少的背景下，一切致力于发展可再生能源的研究都具有十分积极的意义。当有更多的企业和研究院所加入研究后，在“众人拾柴火焰高”的情况下，一定能找到解决的办法。

此外，由欧盟投资的维特苏斯研究所也正在对反电渗析法发电方案进行研究。虽然研究表明反电渗析发电的成本很高，但是通过寻找优化系统性能的途径，人们认为这种发电技术的应用应该是指日可待的。

总之，尽管盐差能发电技术还不成熟，但它具有清洁、可再生、能量巨大等特点，是很值得人们给予充分关注的。

第三节　海水中的核能

前面我们已经提到海洋是一个聚宝盆，仅从能源利用的角度而言，它不仅拥有可直接利用的海水动力能（即潮汐能、波浪能、海流能），也拥有可利用的热能（海水温差能）、化学能（盐差能），还有蕴藏量巨大，也备受人们关注的核能。

大家知道，核能是人类可利用的重要能源之一。从目前的科学技术水平看，人们开发核能的途径有两条：一是依靠重元素如铀等的裂变来获取，这是当今已建核电站所采用的技术途径。二是依赖轻元素，如氢、氘、氚等的聚变来获取的聚变能，可给世界带来巨大灾难的核弹，就是利用了这种由轻元素聚变产生的能量；太阳之所以发光、发热也是来自这种能量；但直至目前我们还无法获得能有效予以控制的聚变能。尽管如此，就像人们对海水的温差能、盐差能的利用充满期待一样，轻元素的聚变能的开发和应用也一直受到人们的极大关注和期待。

不论是核裂变反应所需要的重元素铀，还是核聚变反应所需要的轻元素氘、氚，在世界大洋中的储藏量都十分巨大、可观。

一　海水中的铀

核裂变反应中的铀，是当今全世界已建的上千座核电厂的主要燃料，而且随着原子能发电技术的继续发展，对燃料铀的需求量会不断增加。可是陆地上铀的储藏量并不丰富，较适于开采的只有 100 万吨，加上低品位铀矿及其副产品铀化物，总量也不超过 500 万吨。按目前的消耗量，只够开采几十年。幸运的是，人们发现海水中溶解的铀的数量可达 45 亿吨，超过陆地储量的几千倍，若全部收集起来，可保证人类几万年的能源需要。不过，海水中含铀的浓度很低，1000 吨海水只含有 3 克铀。这就是说，只有先把铀从海水中提取出来，才有可能加以应用。当然，要从海水中提取铀，从技术上讲是件十分困难的事情，需要处理大量海水，技术工艺十分复杂。大致说来，在现有的技术条件下，从海水提取铀的成本比从陆地贫铀矿提炼铀的成本要高 6 倍。为此，从 20 世纪 60 年代开始，日本、美国、法国等国家一直在尝试研究和试验从海水提取铀的新技术。这些新技术大致可分为以下三种：

你知道吗

自然界已知的含铀矿物大约有 150 种，它们主要是铀的氧化物、硅酸盐和砷酸盐。对于铀矿藏来说，按照目前的经济技术条件，一般要求其矿床的整体含铀量（即品位）平均应不低于 0.05%，最低不得少于 0.03%。

①吸附法。利用一些对铀有特殊亲和力的化合物或人造树脂等吸附剂，来吸附海水中微量的铀。此法的关键是要找到最理想的吸附剂。据报道日本方面已取得了可喜的成果。大家知道，日本是一个贫铀国，铀矿储藏量仅有 8000 吨，因此日本早早就把目光瞄向海洋。从 1960 年起，日本就加快了研究从海水中提取铀的方法。1971 年，日本试验成功了一种新的吸附剂。据日本方面报道，这种新型吸附剂 1 克可以吸附到 1 毫克（0.001 克）铀，因而用它从海水中提取铀远比从一般矿石中提取铀的成本要低得多。所以，日本已于 1986 年 4 月在香川县建成了年产 10 千克铀的海水提铀试验厂。同时也已制定

了进一步建造工业规模的海水提铀工厂的计划，预计该厂建成后，可年产铀达 1000 吨。

海水提铀厂规划模型

②生物富集法。人们发现，有些微生物如海藻对铀也有特殊的捕获能力。据试验，某些海藻对铀的富集能力很大，其体内的铀含量甚至可超过低品位铀矿的含铀量。因此只要有办法把这些海藻浓集捕捞起来，便可以用它们来提取海中的铀。

③起泡分离法。洗过衣服的人都知道，肥皂泡的表面会吸附衣服上的污垢。起泡分离法采用的就是这个原理。而且已知泡的成分不同，其捕集、吸附的对象也不尽相同。比如在海水中加入一定量的铀捕集剂——如氢氧化铁（形成铁锈的主要成分）等，然后通气鼓泡，就可以在一定程度上把海水中的铀吸附分离出来。

以上三种方法虽然均已取得一些可喜的成果，但除了吸附法外，距离真正付诸实行显然还有很长的一段路要走。

二　海水中的氘和氚

与铀相比，轻元素聚变所需要的氘和氚几乎全来自海水。

氘和氚都是氢的同位素。同一元素中质子数相同、中子数不同的各种原子互为同位素。同位素的原子序数相同，在元素周期表上占同一位置。已知氢有3种同位素。氕（piē）是氢的第一种同位素，它的相对原子质量是1，由于它在氢的同位素中数量最多，占氢总量的99.98%，最为常见，因此我们一般直称其为氢。氘（dāo）是氢的第二种同位素，它的相对原子质量是2，在氢的总量中占0.02%。氚（chuān）是氢的第三种同位素，它的相对原子质量是3，在氢的组成中，它的数量最少，只有千亿亿分之一。氕、氘和氚尽管相对原子质量不同，但它们在元素周期表上占有同一位置，具有相似的化学性质，所以它们都会以2个原子和1个氧原子相结合，生成水（只是含有氘或氚的水，我们称之为"重水"）。因为氘和氚也会形成水，所以它们便大量地储存在海水中。

原子物理学的研究使我们知道，氢（包括氘和氚）原子核若互相碰撞而聚合在一起，会形成一种相对原子质量为4的较重原子——氦

2006年落成的伊朗重水厂 含有氘（元素符号为D）和氚（元素符号为T）的重水的提炼技术，早在20世纪40年代就已成熟，因此许多先进国家都早已建有重水厂。伊朗的这个重水厂只不过是最新落成的一个。重水的提取之所以相对易行，是因为由2个氘原子和1个氧原子构成的重水（D_2O）的相对分子质量是20.0275，比普通水（H_2O）的相对分子质量18.0153高出约11%；而冰点是3.8℃，沸点是101.42℃，这些特征使它很容易从海水中分馏出来。

的原子核（简称“氦核”，太阳的能量就是由于氢核聚变成为氦核而释放出来的），同时把核中贮存的巨大能量（核能）释放出来。一个碳原子完全燃烧生成二氧化碳时，只放出 4 电子伏特的能量，而氘和氚发生聚变反应时能放出 400 万电子伏特的能量；氘和氘发生聚变反应时能放出 1780 万电子伏特的能量。据此计算，1 千克氘燃料，至少可以抵得上 4 千克铀燃料或 1 万吨优质煤燃料。海水中氘的含量为十万分之三，即 1 升海水中含有 0.03 克氘。这 0.03 克氘聚变时释放出来的能量等于 300 升汽油燃烧的能量，因此，人们用“1 升海水＝300 升汽油”这样的等式来形容海洋中核聚变燃料储藏的丰富。人们已经知道，海水的总体积为 13.7 亿立方千米，所以海水中总共含有几亿亿千克的氘。这些氘的聚变能量，足以保证人类上百亿年的能源消费。而且，氘的提取方法简便，成本较低，核聚变堆的运行也是十分安全的。因此，以海水中的氘、氚的核聚变能解决人类未来的能源需要，将展示出最好的前景。

氘和氚的核聚变反应需要在几千万度，甚至上亿度的高温条件下进行，目前这样的反应已经在氢弹爆炸过程中得以实现，但用于生产目的的受控热核聚变在技术上还有许多难题。不过，随着科学技术的进步，这些难题都是能够得到解决的。1991 年 11 月 9 日，由欧洲 14 个国家出资建造的欧洲联合环型核裂变装置上，就曾成功地进行了首次氘和氚的受控核聚变试验，反应时发出了 1.8 千瓦电力的聚变能量，持续时间为 2 秒，温度高达 3 亿度，比太阳内部的温度还高 20 倍。核聚变比核裂变产生的能量效应要高达 600 倍，比煤高 1000 万倍。因此，科学家们认为，氘和氚受控核聚变试验的成功，是人类开发新能源历程中的一个里程碑。在不久的将来，在人们的不懈努力下，核聚变技术和海洋氘、氚提取技术定会有重大突破。到那时，人类社会对能源的需要就不再会捉襟见肘了。

结尾的话

能源是所有生命赖以生存的基础，在我们人类的生活中更是具有举足轻重的地位。随着人们生活水平的不断提高、社会的发展、科学技术的进步，人们所需要的能源也会越来越多。

苏联天文学家卡尔达肖夫曾经指出，宇宙中的文明世界可以按其对能源的利用掌握本领划分为三种类型：Ⅰ型文明是只能控制本星球的文明，即只能利用本星球的矿藏能源，并在本星球上进行种植、生产和居住。我们的地球文明即属于这种低级的文明；Ⅱ型文明是能掌握所属行星系整个行星系统的文明，即当我们地球人能掌握太阳系内任何天体的物质和能源时，就进入了Ⅱ型文明世界；Ⅲ型文明是能够掌握整个像银河系那样星系的文明，即它能够发射使整个宇宙的任何地方都能探测到它的信号的文明。

当然，卡尔达肖夫的这个意见仅是一种科学上的猜测，未必是宇宙文明的真实写照。但从他的这一猜测中我们可以了解到，世界文明的发展是与能源的扩大利用分不开的；只有开发利用了更多的能源，人类文明才会迈上一个新的台阶。鉴于在当今世界，旧的传统的以矿物燃料为主的能源已日趋枯竭，人们要想把自己的技术文明推进到更高的阶段，就必须把目光转向新的尚未开发或还未充分开发的能源领域。水能就是一种尚未被充分开发的、又拥有巨大潜力的新兴能源。

一 河流水能开发展望

前面我们已经谈到，能源是生命赖以生存的基础，更是我们追求文明生活，发展、提高工农业和科学技术水平的动力之源。在人类生存的历史长河中我们已使用过几种不同的能源，其中水能就是人们利用的众多能源中的一种，尤其是近代水力发电的发明和使用，更使水能在人们的能源消费结构中占有了一个十分重要的地位。

如前面所说，水能是水所蕴藏的能量。由于水是地球的一种十分重要的组成物质，其总量达到 137 亿亿立方米，且占有地球表面近 3/4（70.8%）的面积，因此它所蕴藏的能量是一个十分庞大的数字。其中仅内陆河流所蕴藏的水力资源的理论蕴藏量，若按可能的发电量计算就达每年 40 万亿～50 万亿千瓦时。

虽然河流水力能的利用目前已有了相当成熟的技术，而且据有关报道，自 20 世纪 50 年代以来，世界河流水能资源利用状况有了十分快速的发展。1950 年，世界各国水力发电装机容量仅为 7200 万千瓦，1998 年则达到 67400 万千瓦，增长了 8.36 倍，在各种发电能源中居第 2 位，仅次于火力发电。从发电量来说，1950 年，世界各国水电总发电量为 3360 亿千瓦时，1998 年则达 26430 亿千瓦时，增长了 6.87 倍。但这一发展现状，若与理论蕴藏量相比，还是一个十分有限的数字，还不到理论值的 7%，可见它仍然具有十分广阔的发展空间。特别是一些相对比较贫穷落后的地区和国家，尽管都拥有较丰富的水力资源，但开发程度都普遍偏低。

我国拥有位居世界第一的河流水力资源，资源总量可达 6.76 亿千瓦，相应可年发电量 6.02 万亿千瓦时，约占世界总河流水能的 1/6。虽然近 30 年以来，我国水电装机容量得到快速增长，金沙江、大渡河、雅砻江、乌江、红水河、澜沧江、黄河等 12 个大型水电基地都投入开发建设，截至 2010 年年底，全国水电装机已达 2.07 亿千瓦，成为当今世界水电站已建和在建工程规模最大的国家。但目前我国的水能利用程度仍远低于工业化国家，已开发的河流水能资源利用率仅占技术可开发水能资源的30%左右，而美国为67.4%、法国为96.9%、加拿大为38.6%、日本为66.6%。所以我国仍存在水能资源开发不足的问题，任重而道远。在电力系统中，水力发电出力仅占全国总出力的21.6%，优化电网结构也还须提高水电的比重，这对电网的节能和安全运行很重要。

不过，近年来的水电开发却始终伴随着各种争议，美国等地的反水坝运动也在我国产生了一定影响，以致对水电是否是清洁能源的争论从未间断。但主流的观点仍然主张要积极开发水能，认为水电在增加能源供应、改善能源结构、保护环境、促进国民经济社会发展上所起的巨大作用不可忽视。有专家表示，从减少二氧化碳排放的角度来看，水电承担了重要的减排任务，在未来5～10年国家电力行业发展格局中，水电仍是优先开发项目。

与此同时，人们也指出：必须实现水能开发与环境社会的和谐，必须认真贯彻落实科学发展观，切实树立水能开发的新理念，建立水能开发与环境保护的良性循环机制，建设环境友好和社会和谐型的水电站。

树立水能开发利用的新理念，就是要认识到河流是有生命的，有其生长发育演变的过程和规律，只有尊重河流运行的自然规律，才能维持河流健康的生命。要认识到当一部分水能被开发，变成其他能量以后，原始的水能配置就发生了变化，河流的生态环境随之也会发生变化，与河流相关的水生生物就会受到影响。这种变化达到一定程度，河流的健康生命就会被破坏，生态和环境就难以承受，直至威胁人类自己的生存和发展。也就是说，要认识到在河流里建大坝，必然会对河流造成一定的阻隔，这肯定对河道原有的水动力特性、上下游的生态环境等带来利弊不一的影响。但只要站在更加科学、全面、客观的立场上，做好详细的调查研究，精心的综合规划与设计，合理和规范的施工和运行方式，就有可能最大限度地减免工程建设对生态环境的不利影响。所以在把水能开发成为水电时，必须首先保证要让河流有个健康的生命，要转变只强调充分利用水能，过度开发水能，忽

视河流保护的观念和做法。开发水能，决不意味着一个流域上的水能资源可以百分之百地被开发。在做流域的水电开发规划之时，必须要遵循流域的综合规划，选择适宜的符合生态保护需要的水电开发规模，严禁用竭泽而渔的手段，开发殆尽。

小浪底大坝 小浪底大坝位于黄河中游豫、晋两省交界处，在洛阳市西北约 40 千米。它是中国水利建设史上最大的壤土斜心墙堆石坝。大坝全长 1667 米，坝顶宽 15 米，最大坝底宽度 864 米，最大坝体高度 154 米。根据小浪底坝址处的天然沙砾岩体地质结构，也为了减少工程投资，设计者和建设者们就地取材，利用坝体两侧的沙砾岩在古老沉积的河床上填筑，大坝施工采用国际上一流的施工设备，用了 6 年时间坝体填筑完工。坝体填筑总量达 5185 万立方米，是我国目前最高、规模最大的堆石坝，成为治理黄河下游水患的一道坚固防线，也是中国治黄史上的一座丰碑。坝址控制流域面积为 69.42 万平方千米，占黄河流域面积的 92.3%。水库总库容 126.5 亿立方米，长期有效库容 51 亿立方米。工程以防洪、减淤为主，兼顾供水、灌溉和发电，蓄清排浑，除害兴利，综合利用。工程建成后，可使黄河下游防洪标准由 60 年一遇提高到千年一遇，基本解除黄河下游凌汛威胁，可滞拦泥沙 78 亿吨，相当于 20 年下游河床不淤积抬高。电站总装机容量为 180 万千瓦，年平均发电量 51 亿千瓦时。

根据我国的“十二五”规划，到2015年我国将新增6300万千瓦的常规水电装机，新增1200万千瓦的抽水蓄能装机。预计到2015年，我国常规水电装机容量将从2010年的2.07亿千瓦提升到2.7亿千瓦，抽水蓄能装机容量将从1800万千瓦提升到3000万千瓦。五年新增6300万千瓦；到2020年更要实现常规水电装机容量3.3亿千瓦的目标，相当于10年内新增1.23亿千瓦时。

要实现这一目标，除了要继续开发、发展大型水电基地，也应积极开发小水电。一般说来小水电对环境生态的影响会小一些，而且有利于边远地区的经济繁荣和发展。但小水电建设切忌无序。如果建设无序，就不仅在水资源和水能资源的利用上，会影响到上一级甚至大流域的规划与防灾减灾等目标，还会对整个流域的生态环境带来连锁的不利影响。另外水电开发需要考虑水电送出的问题，因此从经济上来考虑，集中开发水电更划算。这样建设少量的集中送出输电线路，就能够解决送电问题。因此大型水电基地的建设也绝不能有任何放松。“十二五”规划中也强调了抽水蓄能电站的建设，因为抽水蓄能会在很大程度上满足风能、太阳能等清洁能源发电的调峰需要，预计到2020年将达到8000万千瓦至1.1亿千瓦，这意味着在十年内，抽水蓄能装机容量将增加6000万～9000万千瓦。

同样，在世界其他一些地方，水电也一直是人们给予极大关注的发展目标。据报道，目前世界上有24个国家依靠水电为其提供90％以上的能源，如巴西、挪威等国；有55个国家依靠水电为其提供50％以上的能源，包括加拿大、瑞士、瑞典等国；有62个国家依靠水电为其提供40％以上的能源，包括南美的大部分国家。全世界大坝的发电量占所有发电量总和的19％，水电总装机容量约为7.3亿千瓦。发达国家水电的平均开发度已在60％以上。

为了让水电在能源利用上能占有更大的比例，在亚洲国家中，除我国外，印度、土耳其、尼泊尔、老挝、越南、巴基斯坦、马来西亚、泰国、缅甸、菲律宾、斯里兰卡、哈萨克斯坦、吉尔吉斯斯坦、约旦、黎巴嫩、叙利亚等国家也都有大型的水电项目正在建设。日

本、韩国水电开发程度较高，但仍致力于发展大型的抽水蓄能电站。其中日本有 6 个抽水蓄能电站正在建设，另外 3 个也正在规划中。

设想中的巴基斯坦布吉水电站大坝

我国三峡总公司拟投资 150 亿美元帮助巴基斯坦在印度河建设布吉（Bunji）水电站，以及包括科哈拉（Kohala）和达斯夫（Dashu）在内的印度河上游和下游的水电站。

非洲国家具有丰富的水力资源，但水电开发度和水资源调控能力都比较低，已建的 60 米以上高坝总共才 11 座。不过，现已有 20 多个非洲国家投入新的水电开发。不久前，在南非约翰内斯堡，来自非洲一些国家的部长们还共同商讨了互相合作发展水电的规划，因此可以预期在若干年后，水电在非洲国家的能源利用比例中也将会有大幅度的提高。

在欧洲，虽然水电开发在挪威、瑞士等国已有相当大的规模，但人们并不满足于现有的水平，一些新的水电开发规划也都在积极进行中。据报道，其在建的水电装机容量达到 227 万千瓦，分布在 23 个国家，另外还有规划中的水电装机容量 1000 万千瓦。其中西班牙、意大利、希腊、罗马尼亚在建的水电工程相对较多；德国也有一座 90 多米的高坝在建。显然，在这些项目建成以后，水电在欧洲能源利用中的比例又会有大幅度的提高。

在北美也有579万千瓦的水电工程在建，分布在10个国家，其中包括水电开发程度已经很高的美国和加拿大，也都有新的大坝在建设。美国有两座60米以上的大坝在建。加拿大的魁北克则计划未来十年内使水电增加20%的装机容量。

南美目前高坝建设比较多，在建、待建200米左右的大坝也不少，主要集中在巴西、委内瑞拉、阿根廷等国家，共有1700万千瓦的水电工程在建，规划待建项目还有5900万千瓦。

在大洋洲，灌溉建坝、小水电开发建坝及电站更新改造项目也不少，但规模相对都较小，规划待建的水电项目总计有64.7万千瓦。

综上所述，我们可以看到，尽管人们对水电开发还存在一些不同程度的疑虑，反坝和拆坝的不和谐之音还时有所闻，但水电作为一种相对较清洁的能源，还是受到了各国政府的重视。因此可以预期在不需很长的时间内，水电在世界能源利用中所占的比例将会迅速翻上一番。

二　其他水能的开发展望

河流水能仅是庞大水能中十分有限的一小部分，数量更大的水能蕴藏在海洋中。据估算，海洋水能总蕴藏量高达千亿千瓦以上。海洋水能也具有可再生性，因为它来源于太阳辐射能与天体间的万有引力，只要太阳、月球等天体与地球共存，这种能源就会再生，就会取之不尽，用之不竭。海洋水能又有较稳定与不稳定能源之分。较稳定的为温差能、盐差能和海流能。不稳定能源分为变化有规律与变化无规律两种。属于不稳定但变化有规律的有潮汐能，既不稳定又无规律的是波浪能。海洋能属于清洁能源，一旦开发后，其本身对环境污染影响很小。不过，庞大的海洋水能的特点是蕴藏量虽然巨大，但单位体积、单位面积、单位长度所拥有的能量较小。这就是说，要想得到大量的海洋水能，就得从大量的海水中获得。这就大大增加海洋水能的开发难度，以致迄今海洋水能只有很小一部分潮汐水能得到开发，

其他的或是仅有了极小规模的实验性开发尝试，或是根本未被触及。

然而随着人类社会对能源需求量的日益增长，以及为了改善能源结构、扩大能源供应的多样性，许多人认识到海洋水能的开发已是一项事不宜迟、不可懈怠的课题。

在这方面，技术成熟度相对较高的潮汐水能，就成为当今海洋水能开发的首选。据有关报道，目前，世界上有 12 座商业运行的潮汐电站。如法国朗斯电站（1966 年投运）、俄罗斯基斯拉雅试验电站、加拿大安纳波利斯电站（1984 年投运）以及我国的江厦潮汐电站与 7 个小型电站，还有韩国始华湖潮汐电站。另外，英国和加拿大已经开展了 7 座大型潮汐电站的设计工作。印度、澳大利亚、新西兰和俄罗斯也在设计新的潮汐电站。其中俄罗斯的白海的梅津电站、鄂霍茨克海南部的图古尔电站和巴伦支海的科尔斯克电站都具有相当大的规模。据有关部门的估算，沿岸各国尚未被利用的潮汐能要比目前世界全部的水力发电量大一倍。因此积极开发潮汐电站已成为当前许多国家的重点目标。为了防止建造潮汐蓄水水坝对河流及海岸附近生态系统产生的不利影响，人们还在积极探索和发展新的不需要建造蓄水水库，设在海面之下的潮汐发电系统。显然，随着时间的推移，这一技术必将走向成熟和得到推广。那时，潮汐电站定将开出更加美丽的花朵。

又据报道，目前各国已建和计划建造的潮汐电站有 139 座，电站的总装机容量估计可达 8100 万千瓦，年发电量为 2000 亿千瓦时。

潮汐发电的一个主要问题是会受制于潮汐的日变化和月变化，而导致发电量的不均匀性。不过，这一问题在 20 世纪下半叶通过建立大型电力系统也已得到解决。这些大型电力系统通过保障水电站和火电站的联合运行，能有效地平衡潮汐电站所发电量的不均匀性。

当今海洋水能开发的另一个重点，是在技术含量方面与潮汐能利用有一些相似性的波浪能的开发利用。如前文中我们已经谈到，波浪能除用于为海上灯塔供电之外，人们也已尝试建造波浪能电站。1984 年，挪威最先建成世界上最大的波浪能发电站，装机容量达 500 千

2011 年投产的位于韩国仁川湾的始华湖潮汐电站，是当今世界最大的潮汐电站，装机容量为 25.4 万千瓦。

瓦。1989 年，日本也建成防波堤式波浪能发电站，装机容量为 60 千瓦。但后来这些电站终因种种技术方面的原因，而未能继续运行下去。迄今已建和正在运行的最大波浪能电站是葡萄牙的阿古卡都波农场电站，其装机容量为 2250 千瓦；还有英国艾莱戚波浪能电站，装机容量为 500 千瓦；以色列的 SDE 海浪实验电站，装机容量为 40 千瓦。我国波浪能发电技术也早在 20 世纪 70 年代就已起步，小型岸式波浪能发电技术已进入世界先进行列；并在早年小型波力电站试验的基础上，于 1996 年，在广东省汕尾市建设了 100 千瓦岸式振荡水柱波力电站。2009 年 3 月，另一座规模相对较大的漂浮式海浪能发电站在浙江温州近海开始建设，建成后年发电量可达 10 亿千瓦时。

总之，波浪能发电技术就目前情况而言还不是十分成熟，已建和正在运行中的波力电站大多具有试验的性质，规模也都不大。但可以相信，在人们的不懈努力下，在不久的将来，海浪能电站必将成为继潮汐电站之后的又一水能利用新秀；而且由于它不像潮汐能那样局限于近岸的海域，而是可以运行于更辽阔的海域中，因此其未来的前景更是不可限量。

波浪能利用的最大缺陷，是它的不稳定性。它不能定期产生，各

地、各时的波高也不一样，这就给它的利用带来很大的困难。与之相比海流能则是一种比较稳定的海洋水能。利用海流能发电，在原理上与风力发电相似，几乎任何一个风力发电装置都可以改造成为海流发电装置。但问题是海水的密度约为空气的1000倍，且装置必须放于水下，故海流发电存在一系列的关键技术难题，包括安装维护、电力输送（因其大多离岸较远，这给输送带来很多不便）、防腐、海洋环境中的载荷与安全性能等；而且由于长期以来它一直未受到人们的重视，因此迄今还未能正式进入人们能源利用的殿堂。虽然近些年来人们已意识到它所蕴藏的巨大价值，包括我国在内的一些国家也已有了一些成功的利用海流能发电的实验结果，但从总体而言，都还只是一种探索性的，目前尚未有正规的大型商业电站的出现。但可以相信，在人们的努力下，这一天的到来已不会太远。

与海流能利用的情况相似，其他海洋水能如海水温差能、盐差能，以及海水所蕴含的核能等的利用，虽然都已被人们提上日程，有的还已有了一些小规模的实验性电站的建造，但总的说来还都属于探索性的，相关的工作原理、操作流程还都不是十分成熟，有待人们去进一步完善，去寻找新的技术突破口。可以相信，在人们的不懈努力下，这些沉睡已久的海洋水能将会发挥出它应有的巨大功效。

图书在版编目（CIP）数据

话说水能 / 翁史烈主编. —南宁：广西教育出版社，2013.10

（新能源在召唤丛书）

ISBN 978-7-5435-7578-3

Ⅰ. ①话… Ⅱ. ①翁… Ⅲ. ①水能 - 青年读物②水能 - 少年读物 Ⅳ. ① TK71-49

中国版本图书馆 CIP 数据核字（2013）第 286574 号

出 版 人：张华斌
出版发行：广西教育出版社
地　　址：广西南宁市鲤湾路 8 号　　邮政编码：530022
电　　话：0771-5865797
本社网址：http://www.gxeph.com
电子信箱：gxeph@vip.163.com
印　　刷：广西大华印刷有限公司
开　　本：787mm × 1092mm　1/16
印　　张：14.5
字　　数：199 千字
版　　次：2013 年 10 月第 1 版
印　　次：2016 年 4 月第 5 次印刷
书　　号：ISBN 978-7-5435-7578-3
定　　价：46.00 元